LA CULTURE

MARAICHÈRE

ET FRUITIÈRE

Pour le Midi de la France

PAR

L. FABRE

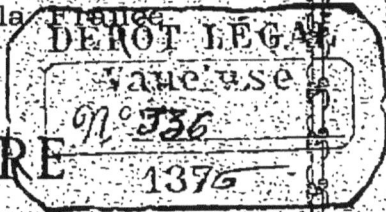
Ancien Directeur de la Ferme-École de Vaucluse

Prix : 50 c.

BELLECOUR, PRÈS CARPENTRAS

(Vaucluse)

—

1876

LA CULTURE

MARAICHÈRE

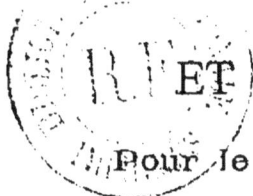 ## ET FRUITIÈRE

Pour le Midi de la France

PAR

L. FABRE

Ancien Directeur de la Ferme-École de Vaucluse

Prix : 40 c.

BELLECOUR, PRÈS CARPENTRAS

(Vaucluse)

—

1876

AVIGNON, — TYP. MAILLET.

PRÉFACE

—

Parmi les hommes qui s'occupent d'agriculture, nul ne met en doute que les avantages procurés par la culture maraichère ne soient immenses, et pourtant, à part les cultivateurs de Cavaillon qui ont donné de l'extension à cette industrie sur quelques plantes potagères seulement, on rencontre peu de fermes où elle soit mise en pratique au-delà des besoins du ménage. Les plantes potagères qui y sont généralement cultivées sont prises indistinctement parmi les communes et les rares, tandis que les bons légumes si variés sur divers points de la France pourraient procurer des bénéfice beaucoup plus considérables que n'importe quel produit agricole. La crise que subit en ce moment notre agriculture locale nous forcera sans nul doute à entrer dans cette voie en vue de l'intérêt des ménages et de celui de la richesse publique, mais à la condition d'une répartition intelligente, sévère, équitable, des eaux dont notre département dispose de toutes parts.

Le retard qu'a éprouvé ce progrès dans nos pays provient d'une part, des bénéfices considérables que procurait, surtout dès le principe, la culture de la garance qui fut généralement adoptée ; et de l'autre, de l'absence des soins minutieux chez nos agriculteurs, habitués à une culture qui en réclamait peu, relativement aux plantes potagères ; et enfin à la difficulté d'avoir sous la main un bon jardinier, quand surtout on habite la campagne, où le plus grand nombre de propriétaires seraient entraînés, s'il en était autrement, dans l'intérêt de leur santé, de leur exploitation et du bien public. Aussi les élèves que j'ai formés à l'horticulture pendant les 26 ans que j'ai dirigé la Ferme-Ecole de Vaucluse ont toujours trouvé placement très avantageux dans tout le Midi, et surtout dans le Languedoc où les agriculteurs sont en général très soigneux, mais je dois reconnaitre que depuis que j'ai ajouté à l'Ecole de dressage une Ecole d'horticulture, les demandes d'élèves-jardiniers sont très nombreuses de la part de nos tenanciers.

Le jardinage ordinaire bien conduit procure de l'aisance dans les ménages, et le choix qui pourrait être fait parmi les légumes les plus variés et exploités pour la vente, procureraient une petite fortune, sans trop de fatigues, mais avec du soin assidu.

Après avoir donné quelques avis sur les conditions dans lesquelles la culture maraichère doit être établie, nous relaterons les variétés de légumes qui pourraient être avantageusement cultivées dans le Midi.

Nous y joindrons aussi un relevé des arbres fruitiers qui réussissent le mieux dans le Midi. Dans les circonstances malheureuses qui affligent si profondément notre agriculture, il m'a paru utile de vulgariser les meilleurs procédés de culture maraîchère, d'initier nos jeunes méridionaux aux secrets de cet art si rémunérateur, et d'appeler leur attention sur une carrière aussi honorable **que lucrative.**

LA CULTURE

MARAICHÈRE & FRUITIÈRE

POUR LE MIDI DE LA FRANCE

Les terrains agricoles formés des débris des roches qui constituent la masse du globe, et mêlés aux résidus de matières végétales et animales, ont donné lieu aux différentes natures de terre cultivable, dont les principales sont : les calcaires, les argileuses et les sablonneuses.

Les terres calcaires sont celles qui contiennent de la chaux (carbonate de chaux) qui facilite la décomposition des racines et autres petits corps organiques, elle retient l'eau mieux que la terre siliceuse (sablonneuse) et demande à être souvent arrosée.

Les terres argileuses sont compactes ; elles deviennent dures et se crevassent par l'effet des chaleurs ; elles sont composées d'alumine et de silice (sable), et suivant la proportion plus ou moins grande de ce dernier, elles sont plus ou moins friables, et plus ou moins propres aux cultures potagères.

Les terrains sablonneux ou siliceux se distinguent des terres calcaires et argileuses par l'extrême division de ses molécules, et par la facilité avec laquelle l'eau s'infiltre dans le sol, et s'évapore promptement ; elles ont la propriété de s'échauffer facilement et de conserver le calorique ; les produits qu'on en retire sont peu abondants, mais de bonne qualité ; ils réclament des arrosements fréquents et beaucoup d'engrais.

C'est par le mélange de ces trois sortes de terre, que se forment les terres arables, qu'on distingue en *terrains légers, terrains de moyenne consistance, terrains forts* ; leur fertilité dépend de la proportion de principes minéraux, et d'humus qu'elles renferment. La terre qui contient en proportion convenable de l'argile, du calcaire et du sable, est appelée *terre franche*, dans laquelle la plupart des végétaux prospèrent le mieux ; il y a enfin *le terreau* qui est formé de matières végétales et animales modifiées par la fermentation ; il est plus ou moins léger et noirâtre, suivant la quantité de parties végétales ou minérales qu'il renferme : son addition dans les cultures potagères, et notamment pour les semis de graines fines, et pour la multiplication des plantes délicates.

L'exposition du levant est dans nos contrées celle qui présente le plus d'avantages, à l'exception des gelées printanières contre lesquelles on doit se garantir au moyen de paillis et de paillassons ; après l'exposition du levant, celle du midi; et ensuite celle du couchant qui présentent toutes des avantages et des inconvénients contre lesquels on doit lutter au moyen d'une grande surveillance, et des soins les plus assidus.

Mais le moyen le plus efficace et le plus impérieux pour modifier les inconvénients de toutes les expositions, et favoriser la végétation, ce sont de puissants et nombreux abris, soit avec des arbres résineux, parmi lesquels le *thuia d'Orient* tient le premier rang sous tous les rapports, soit avec des haies de roseaux morts de 1 mètre 50 à 2 mètres de hauteur, soit avec des troènes, filaria et autres arbres verts ; il est difficile, sinon impossible de faire du potager bien rémunérateur, sans de bons abris nombreux et rapprochés.

De l'Eau , de la Pluie et de l'Arrosage

L'*eau* est composée de deux gaz, l'*oxigène* et l'*hydrogène ;* elle est l'élément le plus indispensable à la végétation, la chaleur la transforme en vapeur, et sous cette forme, elle participe à la formation de nuages ; sous l'action des vents, et du refroidissement de la température, les molécules qui les composent se condensent, et quittent l'état de vapeur pour reprendre celui d'eau, et deviennent des goutelettes qui ne pouvant plus rester suspendues dans l'air tombent plus ou moins vite en s'agglomérant les unes aux autres, et forment la *pluie* qui est sans conteste la meilleure eau pour la végétation, à cause des principes fertilisants qu'elle absorbe dans l'atmosphère ; celle qui tombe au moment des orages, et qui s'écoule à la surface du sol se charge d'engrais, et entraîne des sels minéraux qui deviennent ensemble

un agent très actif de fertilisation ; il est donc très
utile de les ramasser dans des bassins où des mares à
la partie basse du potager, pour les utiliser à l'arrosement, Après l'eau de la pluie, l'eau courante où de
rivière, et à défaut de celles-ci on fait emploi de l'eau
de source où de puits qu'il convient de ramasser dans
de vastes bassins, afin qu'elle se sature, au contact
de l'air, des gaz bonifiants, de l'atmosphère ; par ce
moyen la température de l'eau s'équilibre avec celle
de l'air avant d'être utilement employée ; dans tous
les cas il est toujours très bon de jeter quelque peu
de fumier décomposé dans les réservoirs, afin d'amé-
liorer le qualité de l'eau destinée au potager.

Si on arrose à *eau courante* au moyen de rigoles,
mieux vaut, si le terrain est perméable, faire les rigoles plus rapprochées, et arroser par *infiltration* ;
dans le cas contraire on arrose par *submersion*. mais
dans ce cas on doit bien se garder d'arroser avec de
l'eau boueuse, dont les molécules argileuses ferment
les pores des feuilles et arrêtent ainsi leur aspira-
tion. Lorsque le temps est chaud, il ne faut arroser
que le soir, afin que la plante profite pendant la nuit
de la fraîcheur procurée par l'arrosage ; par contre, il
convient d'arroser le matin après le soleil levé, pendant le printemps et l'automne.

A part l'irrigation à grande eau, celle qui se pratique au moyen de l'arrosoir muni d'une pomme per-
cée de petits trous, est certainement le meilleur mode
à employer, lorsqu'on n'a qu'une petite surface à arroser. Ce bassinage est d'autant plus efficace, que la
plante profite de ses bienfaits par les racines et par
les pores de la feuille qu'on débarrasse ainsi de la

poussière : ce n'est du reste que par ce moyen qu'on peut arroser les semis et les jeunes sujets.

Les fumiers sont composés |de fumiers paille et autres végétaux qui, servant de litière aux animaux, absorbent leur urine et se mêlent à leur excrément. Les urines de l'homme et de la plupart des animaux sont plus abondantes que leur excrément, mais chez tous, les parties liquides des déjections sont relativement plus riches en matière fertilisantes (azote) que les parties solides ; aussi toutes les précautions doivent être prises pour ne pas laisser perdre les urines, et le purin surtout, en les laissant absorber même par de la terre, si on manquait de litière ; les fumiers frais et pailleux sont préférables dans les terrains argileux, ils en divisent les molécules, tandis que les fumiers décomposés et onctueux rendent les terrains légers et moins permuables.

Parmi les animaux domestiques, les pigeons et les volailles de bassecour procurent le fumier le plus actif ; viennent ensuite par ordre de valeur ceux des lapins, chèvres, chevaux, bœufs, et porcs. Dans les terres froides humides, argileuses, les fumiers les plus chauds sont les meilleurs, tandis que sur les terrains légers, sabloneux ou calcaires, les fumiers froids de vaches ou de porcs sont préférables.

Les fumiers employés superficiellement (*paillis*) sont d'un emploi très efficace dans les contrées méridionales, ils transmettent leurs parties fécondantes au sol par les eaux pluviales, maintiennent les terrains fraix, évitent les croutes et les fentes, et protégent les jeunes plantes contre l'ardeur des rayons solaires, et contre la violence des vents.

Amélioration des terres, défoncements, labours, drainages, etc,

On ne doit pas confondre l'amélioration des terres avec leur bonification ; on améliore un terrain en corrigeant ses vices au moyen des défrichements, des défoucements, des assainissements et des empierrements ; en les bonifie par les amendements.

Les *defrichements* ont lieu sur des terres incultes, sur des fonds sans rendement, des marécages, des landes et des bruyères, qui abandonnés sans culture pendant un certain laps de temps, finissent par se couvrir de plantes sans valeur.

Les *défoncements* ont pour but d'augmenter la couche végétale, de mélanger les couches supérieures avec un sous-sol de nature différente et de renouvelerune couche arable, épuisée ou gâtée par des labours hors de saison ; la profondeur d'un défoncement est de 0 m. 70 à 0 m. 80 pour la plantation d'un fruitier, et de 0 m. 40 à 0 m, 60 pour un terrain consacré aux légumes, à mesure qu'on avance un défoncement on fume le terrain en même temps qu'on l'ameublit. Les labours pour le jardinage doivent être effectués en automne au fur et à mesure de l'enlèvement des récoltes ; ils doivent être exécutés à la bêche, afin que le fumier employé soit complètement recouvert, et les grosses mottes de terre doivent être conservées intactes, afin que l'action des gelées les fendillent et les divisent mieux que pourrait le faire la main de l'homme ; les labours destinés aux plantations du printemps doivent être exécutés en automne ; mais ceux destinés aux cultures de l'été doivent être exécutés au fur et à mesure des besoins, engraissés par des fumiers décomposés, et divisés au moyens de la bêche, de la fourche et du rateau.

L'*assainissement* le plus ordinaire est pratiqué au moyen de fossés effectués autour des terres, dans lesquels se rendent les eaux pluviales par des rigoles d'écoulement, mais pour assainir un terrain trop humide, on ne peut y parvenir d'une manière complète qu'avec le drainage.

Le *drainage* est le mode d'assainissement le plus complet et le plus perfectionné ; il consiste dans un ensemble de tranchées souterraines de 1 m. à 1 m. 20 inclinées dans le sens de la pente du sol, et au fond desquelles on place bout à bout des tuyaux de terre cuite d'une longueur de 0 m. 33 et d'un diamètre intérieur de 0 m. 20 à 0 m. 35 ; l'eau s'introduit dans les tuyaux par leur jointure, par leurs pores, et se rend dans un fossé d'écoulement placé à l'extrémité inférieure de la terre ; suivant l'excès d'humidité du sol, les tranchées sont creusées de 10 à 20 mètres de distance l'une de l'autre.

Assolement et rotation

L'*assolement* est une succession de cultures qui alternent qui se nuisent entr'elles le moins possible, afin de tirer du sol le plus de produits ; il est aussi indispensable dans la culture maraîchère que dans la grande culture. A cet effet on divise un jardin en un nombre plu sou moins grand de planches ou carrés, de manière à pouvoir y faire alterner régulièrement les cultures ; ainsi on devra autant que possible faire succéder aux plantes à racines traçantes, d'autres à racines pivotantes, et des plantes de la famille de crucifères (dont la fleur est en forme d'une croix à celle de la famille des papillonacées (dont la fleur a la forme d'un papillon).

Par *rotation* on entend le laps de temps qui s'écoule entre le retour d'une même plante sur le même sol : cette désignation indique la manière et l'ordre dans lesquels différentes cultures doivent se succéder ; en bonne règle un tableau de succession de culture doit être établi sur la comptabilité du jardinier, en donnant un numéro à chacun de ces carrés.

Amendement des Terres.

On donne le nom d'*amendement* à tout ce qui contribue à ce résultat soit en ameublissant le sol (c'est-à-dire en le rendant plus léger) soit en le rendant plus compacte (c'est-à-dire plus fort) soit enfin en lui restituant des éléments susceptibles d'augmenter ses forces physiques ; on les divise ; 1º en amendements naturels et bonifiants ; 2º en amendements artificiels, modifiants ; 3º en amendements artificiels, stimulants.

Les *amendements naturels* et *bonifiants* sont l'air,

la pluie, la rosée, la gelée blanche, la neige et la glace ; les *amendements artificiels bonifiants* sont l'argile, le sable, le gravier, etc. ; les terrains compactes argileux sont avantageusement modifiés par un mélange convenable de sable, de terre calcaire et même de gravier ; les terrains sablonneux, calcaires où trop légers auxquels on ajoute de l'argile acquièrent la propriété de retenir l'eau plus longtemps, ainsi que les parties fécondantes des engrais, si salutaires à la végétation.

Les *amendements artificiels stimulants* peut favorables dans le Midi, sont la chaux, l'eau ammoniacale, les résidus des usines à gaz, le sel marin (sel de cuisine), la marine chargée de calcaire, lè soufre et autres minéraux qui contiennent de l'acide ou de l'alcali ; toutefois parmi les amendements stimulants, nous nous sommes toujours bien trouvé dans n otre pratique agricole et horticole, de l'emploi de la charrée (cendres de bois lessivées), le plâtre, et les platras.

Semis.

On distingue plusieurs sortes de semis ; quel que soit celui qu'on pratiqua, il est indispensable dans l'intérêt de la réussite, de n'enterrer les graines que suivant leur volume ; il est bon d'observer aussi que les graines plates germent plus promptement que les rondes ; il convient donc de moins recouvrir les plates.

Les semis se font à la *volée*, en ligne et à paquet ;

ces trois modes sont employés en pleine terre, ainsi
que sur couche, et sous chassis. Dans la semaille à la
volée, surtout, les graines doivent être reparties avec
soin, et le plus également possible ; ce mode là est le
plus usité même dans le potager ; il a pourtant
l'inconvénient d'une levée de plantes trop serrées les
unes contre les autres ; dans ce cas on les éclaircit, et
le plus tôt est le meilleur, pour le développement des
sujets conservés. Les semis *en ligne* ou *sans raie*,
s'effectuent au moyen d'une hone qui sert à ouvrir la
raie dans laquelle on répand la semence. Cette
semaille, suivant la grosseur de la graine et la nature
plus ou moins forte du sol, doit être faite à la profondeur de 2 à 3 centimètres ; les plantes s'y trouvent
plus espacées, mieux aérées, et croissent avec plus de
force et de régularité.

Les *semis à paquets* se pratiquent notamment sur
couche et sous chassis, en creusant la terre à une profondeur de 5 à 10 centimètres suivant la grosseur du
grain qui occupe chacun un trou à part ; dans la
pleine terre les semis à paquets ne sont en général
employés que pour les pommes de terre ; après que
la terre a été labourée, un homme fait un trou avec la
bèche ou avec la houe, un enfant y place une pomme
de terre et du fumier, et on recouvre le tout au
moyen de la terre enlevée pour former les trous d'une
autre ligne.

Les *semis sur couche et sous chassis* ont pour but
d'accélérer la sortie des graines, et d'obtenir une
végétation plus prompte, plus précoce ; les sujets
obtenus par ce moyen sont néanmoins plus délicats
et réclament beaucoup de soins ; ils s'opèrent le plus

souvent en ligne ou à la volée, et suivant l'importance et le volume de la graine, on la place une à une dans la terre placée au-dessus de la couche, à une distance en rapport avec la qualité de la graine.

Les *couches* forment une des parties les plus intéressantes du jardinage ; on doit leur consacrer dans le jardin une portion de terrain où elles puissent être rassemblées, afin qu'elles soient à portée d'être surveillées par le même jardinier ; l'exposition du midi, et contre un mur, est toujours préférable ; on les classe en trois divisions différentes : les *couches chaudes*, les *couches tièdes*, et les *couches sourde*.

Couches chaudes : Ce sont les plus utiles, et les plus usitées même en Italie ; une *couche chaude* est formée avec du fumier de cheval au moment où on l'enlève de l'écurie ; on le mélange bien avec la fourche, et après l'avoir placé dans le coffre où le lieu destiné à la couche, on le comprime fortement avec les pieds, et on l'arrose ensuite avec une pomme d'arrosoir, de manière que le tout soit humecté et susceptible d'entrer promptement en fermentation ; la chaleur et l'humidité étant les principes essentiels de la vie végétale, les plantes qui sont élevées au-dessus de cette couche, et dans de bon terreau placé au-dessus d'elle, végètent rapidement, même pendant l'hiver.

On donne ordinairement aux couches chaudes 75 à 80 centimètres de hauteur, 1 m. à 1 m. 30 de largeur, et une longueur indéterminée qui est de 3 à 4 mètres de longueur des coffres et des chassis. Pour prolonger et augmenter la chaleur de ces couches, on les entoure, lorsqu'il y a nécessité, de *réchauds*, soit d'une forte couche de fumier de litière autour du coffre en planches qui renferme la couche. Au-dessus de cette couche, on met du terreau environ 25 à 30 cent. dans lequel on sème et on élève les sujets. Le meilleur terreau est celui qui provient d'anciennes couches; mêlé au besoin avec de la terre.

La *couche tiède* est composée de fumier de cheval, de bœuf, de vache, de porcs ou de moutons, mêlé avec des feuilles sèches en poportions à peu près égales, et qu'on mélange très-exactement ; la chaleur qui se déclare est moins élevée, mais elle se maintien plus longtemps, et plus uniformément ; après avoir comprimé fortement ce mélange, et qu'on l'a arrosé de la même manière que la couche chaude, on la charge de terreau mêlé à de la bonne terre ; on élève sur les couches tièdes les plantes qui sont destinées à prendre une certaine force.

La *couche sourde* est établie ordinairement dans une tranchée pratiquée dans le sol ; on le garnit avec très-peu de fumier de litière à demi décomposé et mêlé à celui qu'on renouvelle des couches chaudes et tièdes, lorsque les cultures auxquelles on les destinait, sont terminées. La fosse creusée en terre pour la couche sourde doit avoir de 60 à 75 centimètres de profondeur, l'épaisseur de la couche est de 80 centimètres, la largeur de 1 m. 30, et la longueur à volonté. L'épaisseur de la couche excède donc le niveau du sol de 10 à 20 centimètres ; on la recouvre avec de la bonne terre disposée en talus sur les côtes, et bombée vers le milieu ; on recouvre le tout avec des paillassons fixés à des cercles de tonneaux maintenus par une barre horizontale. Lorsqu'on juge utile d'entretenir la chaleur à cette couche, on creuse autour un fossé de 50 centimètres de profondeur et largeur qu'on remplit de fumier frais de cheval; cette opération est appelée *réchaud*. Le principal emploi des couches sourdes est d'habituer et de terminer en plein air la culture de melons, patates et autres, commencée en premier lieu dans la couche chaude, et en deuxième lieu dans la couche tiède.

Description des cultures maraîchères.

Aïl. — L'aïl originaire de la Sicile est une plante bulbeuse qui est cultivée par ses bulbes; généralement désignées sous le nom de *gousses* composées d'un certain nombre de caïeux avec lesquels on les multiplie ; cette liliacée est peu difficile sur le terrain ; elle préfère pourtant les terres douces, franches, et bien assainies ; il convient de les faire succéder à une culture fumée, de les planter en octobre ou novembre, ainsi qu'en mars et avril, à la distance de 20 à 25 centimètres, et à la profondeur de 6 à 8 centimètres ; vers la fin de mai on fait un nœud avec la tige et les feuilles afin de refouler la sève vers les bulbes, et en août lorsque les feuilles sont desséchées, on les arrache, et on les lie ensuite en chapelets que l'on suspend en lieu sec.

Arroche des jardins. — L'arroche, Belle Dame, originaire de Tartarie, est une plante annuelle, dont on doit renouveler les semis tous les mois si on veut en avoir pendant toute la saison ; on commence à les semer en mars dans les raies peu profondes distantes de 20 centimètres ; pour avoir de beaux plants, on doit les éclaircir et les repiquer à 30 centimètres en tous sens : on fait usage de cette plante en guise d'épinards, ainsi que pour adoucir l'acidité de l'oseille à laquelle on le mêle pour modifier sa couleur verte ; on en fait des plats spéciaux et on l'emploie pour la soupe. Peu difficile sur la nature du sol, elle n'exige que quelques binages.

Artichaux

L'artichaux est originaire du Midi de la France ; les principales variétés sont : l'*artichaut de Provence*, à forme allongée peu charnue, et très hâtif ; *le gros vert de Laon*, très estimé ; le *gras camus de Bretagne* dont la tête est d'un vert pale, large et aplatie, hâtif, peu charnu ; le *violet*, hâtif de forme allongée, et de grosseur moyenne ; excellente variété à l'état cru, en poivrade : l'artichaut réclame un terrain profond, et une exposition bien abritée ; on le reproduit par œilletons et par semis ; le premier procédé présente plus d'avantage sous le rapport de la promptitude du rapport, et sous celui de la fidélité de l'espèce, tandis que le semis est plus long pour produire, et sa production varie souvent sur l'espèce ; vers le mois de mars on enlève aux anciens pieds d'artichauts les 3 ou 4 œilletons les plus forts ; on les plante dans un sol bien ameubli, par touffes de deux œuilletons à 30 centimètres l'un de l'autre, et à 1 mètre 25 centimètres de distance en échiquier ; on les plante à la profondeur de 10 à 15 centimètres, en laissant autour des deux plantes un trou de 5 à 7 centimètres de profondeur qu'on remplit de fumier. Ces jeunes plants tenus binés et arrosés donnent quelques fruits à l'automne suivant. Dès qu'on a enlevé les fruits, on coupe les tiges près des racines ; lorsque les gelées sont à craindre, on coupe les plus grandes feuilles ras du sol, et on les place autour des plants ; au moment des gelées on couvre le cœur des plantes avec de la grosse litière qu'on enlève par intervalle, lorsque le temps est doux, et on les abrite du côté du nord par des ados, au moyen de la terre prise entre les rangées. Vers la mi-mars on enlève la couverture, on bêche les planches, et vers la fin d'avril, on détruit les ados après avoir débarrassé les plants des trois ou quatre plus forts œilletons qui absorberaient une partie de la sève utile pour la production de beaux artichauts ; on laboure ensuite le terrain et on arrose au besoin, s'il règne de la sécheresse. Le plant d'artichaut doit être renouvelé tous les quatre ans ; on peut utiliser les tiges des vieux plants en les liant et les buttant vers la fin de septembre pour former des cardes bien supérieures à celles des cardons d'Espagne.

Asperges

L'asperge est un des meilleurs légumes, et une des cultures les plus lucratives, surtout quand on la force pour avoir des primeurs ; cette plante est indigène dans plusieurs contrées du midi ; elle vit plus ou moins longtemps suivant la culture et le terrain ; les variétés principales sont : la verte dite *Commune* ; l'*asperge de Hollande* qui est violette et plus grosse que la première ; l'*asperge d'Argenteuil* qui est encore plus belle que celle de Hollande, et qui est plus précoce ; plus l'*asperge colossale de Conovert* introduite depuis très peu dans la culture, et dont on fait grand éloge.

L'*asperge* aime les terrains perméables de bonne qualité et bien amendés ; elle craint l'humidité et la sécheresse : on la cultive par semis sur place, et par plantations de griffes d'un an ou de deux ans de semis. On sème les graines d'asperge en mars ou en avril, dans une terre douce et bien fumée ; après que le sol a été bien labouré et bien émietté, on sème en ligne où à la volée : le semis en lignes est préférable, elles doivent avoir entr'elles 15 à 20 centimètres et 10 cent. de profondeur ; binages fréquents, arrosages convenables avec la pomme de l'arrosoir, comme à tous les semis.

La *culture par griffes* exige que le terrain soit au préalable bien façonné en automne ou pendant l'hiver ; la plantation a lieu ensuite en février ou courant de mars. Lorsque le terrain est humide, on creuse des fossés de 70 à 80 centimètres de profondeur et de 90 centimètres de largeur, au fond desquels on met des cailloux, des platras ou des débris de forts végétaux, de l'épaisseur de 25 à 40 centimètres, pour absorber l'humidité surabondante ; au-dessus de cette épaisseur, on place une couche de gros fumier ou de grosse paille ; on met ensuite une couche de 20 centimètres de bonne terre sur laquelle on fait à la distance de 80 centimètres, en tous sens et en quinconce, de petits cônes de 10 centimètres de hauteur, sur lesquels on pose les griffes de manière que les racines occupent leur position naturelle ; on recouvre ensuite les plants de 10 centimètres de terre émiettée. Lorsque la terre n'est pas humide, on se dispense de l'assainir, et les fossés n'auront alors que 40 à 50 centimètres de profondeur ; les soins à donner consistent à biner, sarcler, et arroser ; vers la fin de novembre on enlève les tiges, on bine légèrement et on couvre les planches avec une couche du fumier ; vers la fin février on donne une légère façon à la fourche, qui enterre le fumier et facilite la sortie des tiges d'asperge.

Pour éviter les frais qu'occasionnent les fossés d'assainissements dans les terres humides, on pourrait planter les griffes presque à la surface du sol auquel on donne un labour de 30 centimètres, sur lequel on établit des planches exhaussées et dont on augmente chaque année l'épaisseur par des rechargements annuels, de la même manière que ceux qui sont effectués pour les asperges en fossés. Un des meilleurs moyens pour obtenir des asperges très grosses est de les arroser largement en automne avec du purin.

Asperges d'hiver ou de primeur. — Le moyen le plus économique et le plus sûr pour obtenir de grosses asperges blanches, est de disposer sur un terrain bien préparé et amendé, des planches de 1 mètre 25 cent. de largeur ; sur cette largeur on place de la façon indiquée ci-avant, quatre rangs de griffes de 2 ans, distancées entr'elles de 20 à 25 centimètres ; après

2 ans de culture, on chauffe les plantes, à dater du
mois de novembre à fin mars, en creusant autour des
planches les fossés de 80 centimètres qui les sépare à
la profondeur de 60 centimètres, après avoir rechargé
les plantes d'environ 10 centimètres de bonne terre,
on place sur les bords desdites planches, des coffres
de bois, et on remplit l'intérieur de 15 à 20 centimètres de fumier chaud ; on recouvre ensuite les coffres
avec des paneaux vitrés, 15 à 20 jours après cette
organisation, les asperges poussent ; on enlève alors
la moitié du fumier qui est dans les coffres, et on
coupe les asperges à mesure qu'elles ont atteint une
longueur convenable, la chaleur est entretenue en
renouvelant et en remuant le fumier qu'entoure ces
planches, et en couvrant les panneaux avec des
paillassons pendant la nuit, et pendant les jours très
froids ; après le mois de mars on enlève les chassis,
on remplit de terre les fossés et on laisse les planches
se reposer pendant un an.

Aubergine.

On sème l'*aubergine* connue aussi sous le nom de
mélongène, dans le courant de février, à très bonne
exposition, mais mieux encore sur couche et sous
chassis ; le plant lève bientôt et réclame alors qu'on
lui donne un peu d'air ; on le repique à 10 centimètres de distance, dès qu'il possède 4 à 5 feuilles, sous
chassis où à bonne exposition avec couverture pendant
la nuit, et lorsqu'il fait froid pendant le jour. Dans

les premiers jours de mai on les plante dans un terrain
bien amendé et bien fumé à 60 centimètres l'un de
l'autre ; il faut pendant l'été empêcher la sécheresse,
et le tassement du sol que procure l'arrosage, au moyen
du paillis (couche de fumier), de 5 centimètres sur
toute la surface du sol ; mais auparavant il faut
donner un bon binage. Il y a deux sortes d'*aubergine*,
la *violette* et la *blanche* ; la première est beaucoup plus
grosse et aussi bonne, quand on ne la laisse pas trop
mûrir.

Bette ou Poirée.

La *bette* doit être semée vers la fin mars, dans une
terre bien amendée et fumée, et en ligne de 50 cent.,
elle est lente à germer ; lorsque les plants ont atteint
une hauteur de 10 à 15 centimètres, on les éclaircit
en enlevant les pieds les moins vigoureux ; on doit
éviter que le terrain durcisse au moyen de binages et
sarclages.

Cette plante possède une variété précieuse, la *poirée
à cerdes blanches*, la pétiole de cette variété a une largeur de 10 à 12 centimètres qu'on utilise comme la
cardon d'Espagne en enlevant l'épiderme sur les
côtes et en les coupant par morceaux de 10 à 15
centimètres de longueur ; les côtes de cette plante
préparées comme les cardons, fournissent un plat des
plus fins.

Betterave.

La betterave cultivée dans le potager, offre plusieurs variétés ; les plus estimées pour la cuisine, sont : la *grosse rouge ordinaire*, la *petite rouge* de Castelnaudary, la *bassano de forme aplatie*, peau rouge et chair blanche ; la *jaune panachée* et la *jaune des barres* très hâtive et de très bonne qualité. On la sème dans le courant de mars, dans un sol bien ameubli et franc ; on sème en ligne ou à la volée jusqu'à fin avril ; cette plante est lente à germer, dès qu'elle a 4 à 5 feuilles, on éclaircit les plants à 40 centimètres ; on sarcle on bine, et on la récolte en novembre pour les mettre en silos ou dans un seillier, après leur avoir coupé le collet. On remplace en mars les plus beaux plants conservés, afin d'obtenir de la graine.

Caprier.

La culture du *caprier* réclame une exposition chaude, abritée et un terrain léger et substanciel, on le multiplie par graines et surtout par boutures avec le talons ; il convient de les faire au moment où les nouvelles pousses ont de 10 à 15 cent., sous chassis ou à bonne exposition ; cet arbuste ne portant son fruit que sur le bois de l'année, on rabat les rameaux, et au mois de novembre, on les couvre avec de la grosse litière qu'on enlève en mars ; on donne de suite après un léger labour et un binage plus tard ; avec ces soins la plante acquiert un développement de 1 mètre environ au mois de juillet, époque de sa floraison, et par conséquent de la cueillette des boutons de la fleur : ces boutons confits dans le vinaigre, constituent les *capres* du commerce.

Cardon.

La multiplication du cardon s'opère par semis en pleine terre en mars et avril. en laissant entre chaque plant un espace de 80 centimètres en tous sens ; les graines sont déposées par trois à chaque trou à la distance ci-dessus, il est opportun pour obtenir une levée plus assurée, de mettre dans chaque trou un peu de terreau au dessus de deux a trois grains. On pourrait aussi les semer sur couche et les transplanter à la distance ci-dessus, lorsque les plants ont 4 à 5 feuilles ; dans le dernier cas on sème en février ; mais le plus convenable est le semis en pleine terre dont on éclaircit les plants dès que les 2 ou 3 plants ont une hauteur de 15 à 20 centimètres.

Les cardons réclament une terre profonde et riche en humus, et des arrosages quand le plant est encore jeune ; lorsque les plants ont acquis la hauteur voulue, on choisit vers la fin octobre les pieds les plus forts, on les lie avec de la paille ou des joncs en serrant les feuilles les unes contre les autres, et on les couche un peu en sens opposé du vent du nord, et on les butte à demi-plante. Les variétés les plus estimées, sont les *cardons de Tours* et d'*Espagne*.

Carotte.

On peut commencer les semis vere la fin février, et les continuer jusqu'à fin septembre, et associer à cette semence des graines de laitue ou de radis qu'on récoltera avant que les carottes aient pris leur développement, il est prudent de recouvrir de terreau ou de paillis, les semis faits en février et mars, afin de les garantir des gelées tardives. Les semis ont lieu à la volée ou en lignes espacées de 25 à 30 centimètres lorsque les plants sont sortis, on les éclaircit à 10 ou 15 centimètres en tous sens, et à 8 ou 10 centimètres, l'orsqu'on a semé en ligne ; il faut éviter d'employer du fumier pailleux pour la culture de la carotte, et employer du fumier consommé qu'il faut enterrer dans le sol profond qui lui est destiné et qui doit être labouré en automne. Les sarclages et binages doivent être fréquents ainsi que les arrosages, quoique la carotte supporte les gelées dans un terrain non humide, et garni de fumier long, mieux vaut récolter les carottes aux approches du froid ; on les arrache avec la fourche, on coupe les feuilles jusqu'au collet, et on les enterre dans un lit de sable, les têtes en dehors. Les carottes les plus estimées sont la *rouge*, la *jaune*, la *blanche des Vosges*, la *rouge courte de Hollande*, la *jaune Darhicaurt*, et la *rouge courte hâtive*.

Céleri.

Les variétés de céleri généralement cultivées dans le midi, sont : le *céleri blanc* qui est la variété la plus usitée, le *gros violet de Tours*, le *plein rose*, et le *céleri rave*. On les sème en pleine terre en mars et avril, et en janvier et février sous chassis ; on les repique quand les plants ont 4 à 6 feuilles de fin avril à fin juin, à la distance de 60 centimètres ; lorsque le plant a acquis toute sa force, on le lie avec 2 ou 3 liens, et on les butte graduellement avec de la terre bien riche ; cette opération pour faire blanchir le céleri en pleine terre ne doit être pratiquée qu'au fur et à mesure de la consommation ; dans tous les cas, on doit en placer par précaution un certain nombre de plants dans un cellier ou toute autre pièce où la gelée ne soit pas trop à craindre. Le céleri étant une plante bisannuelle, ne porte graine que dans la seconde année ; il réclame une terre souple, fumée et des arrosements.

Le *céleri rave* réclame des arrosements plus fréquents que les autres variétés, il se cultive de la même manière que les autres variétés, sans avoir besoin d'être lié ni butté ; la récolte a lieu en octobre ou novembre ; on les conserve facilement pendant l'hiver en les enterrant dans du sable jusqu'au collet.

Cerfeuil frisé.

On sème le *cerfeuil* à toutes les époques, depuis février jusqu'en novembre dans une terre douce, cette plante montant facilement en graines, on doit en semer pendant l'été tous les 15 jours jusqu'en septembre ; il faut l'arroser souvent et couper souvent les sommités. Les semis de septembre et d'octobre permettent de récolter du cerfeuil pendant l'hiver.

Cerfeuil tubéreux où Bulbeux.

Cette variété de *cerfeuil* introduite dans le potager depuis 1858, par M. Vilmaurin est bisannuelle, elle donne des produits au moment des plus fortes chaleurs, pendant que les légumes verts sont très rares, ses racines après leur cuisson, constituent un aliment très-délicat. L'époque la plus favorable pour semer sa graine est en septembre ; on la sème en lignes espacées de 20 à 25 centimètres ; il réclame des sarclages et binages fréquents.

Champignon cultivé.

La culture du *champignon* qui forme à Paris une branche des plus importantes de l'industrie maraî-

chère, serait, pour nos villes du midi où ce crypto-
game est très apprécié, malgré les accidents survenus
avec les champignons, venus naturellement une
culture très lucrative, lorsqu'on aura acquis la certi-
tude qu'avec le champignon de couche on n'a à
redouter aucun effet fâcheux.

Le *champignon de couche* doit être cultivé de préférence dans les caves, ou toute autre pièce à demi-
obscurité, et à température douce et égale ; le fumier
de cheval est celui qu'on doit employer pour cette
culture ; il faut qu'il soit formé en majeure partie de
crottin, et fortement imbibé d'urine ; il faut l'épu-
rer soigneusement de toutes les parcelles de foin ou
de paille sèche ; dans cet état, on en forme des tas
réguliers d'un mètre de largeur, sur 60 centimètres
de hauteur ; ces tas doivent être fortement piétinés,
puis abandonnés à eux-mêmes pendant 15 jours ; il
faudrait les humecter, si la température était sèche
et chaude, mais très légèrement ; après ce laps de
temps on ouvre les tas, ou on mélange soigneusement toutes les parties, et on les reforme aussitôt en
plaçant au centre des tas, les portions moins décom-
posées. Après cette seconde façon, huit jours suffisent
pour que le fumier soit à l'état convenable, c'est-à-
dire gras, onctueux et égal dans toutes les parties ;
alors on le dresse en petites meules en forme de dos-
d'âne, ayant à leur base 80 centimètres et une hauteur de 55 centimètres, sur une longueur indéterminée ; les couches ainsi disposées produisent des
champignons, mais pour être plus certain de la
réussite, il faut mettre à tous les 30 ou 40 centimèt.,
un morceau de blanc de champignon à 5 centimèt.,

environ de la couche, il faut couvrir la meule d'une petite couche de litière sèche un peu terreautée de 5 à 8 centimètres d'épaisseur, appelée *chemise*, 10 à 15 jours après, on visite les endroits où le blanc a été placé, et s'il a bien pris, il faut se hâter de *gopter*. Le *goptage* consiste à garnir la meule préalablement mouillée d'une couche de terre fine de 3 à 5 centimètres d'épaisseur, qu'il faut tasser uniformément avec la pelle ; de suite après on remettra la *chemise* qu'on avait momentanément soulevée ; c'est 3 semaines après le *goptage* que les champignons commenceront à paraître ; peu de jours après on pourra en faire la cueillette tous les 2 jours, et continuer ainsi la récolte pendant 2 ou 3 mois. Il est indispensable de mettre du terreau à la place où on a coupé le champignon, et de remettre la *chemise* sur ces points. Il faut apporter les plus grands soins pour faire la cueillette du champignon ; il faut faire tourner délicatement chaque champignon sur lui-même et sur sa base, pour le détacher sans déranger le blanc qui doit donner naissance à ses successeurs.

L'opération de la *chemise* qui est appelée à remettre la meule à l'abri d'un courant d'air, qui pourrait avoir lieu soit en plein air, soit sous un hangar, soit dans un appartement aéré, deviendrait inutile, si elle était placée dans une cave ou dans un cellier à température égale et chaude. Les couches qui ont cessé de produire fournissent d'excellents blancs de champignon qu'on doit conserver dans un grenier bien sec.

Chicorée sauvage

On distingue deux variétés de cette plante ; la *chicorée sauvage* et la *chicorée améliorée* ; cette dernière porte aussi le nom de *Barbe de capucin*, par le fait de la culture particulière qu'elle exige. On sème la *chicorée sauvage* en planche à la volée où en lignes, dans le courant du mois de mars ; elle acquiert promptement la hauteur nécessaire pour être utilisée en salade ; quoique cette plante ne soit pas difficile sur la qualité du terrain, il est bon qu'il soit meuble, fumé, net de mauvaises herbes et arrosé ; il faut aussi couper fréquemment les sommités, et la semer en bordure lorsqu'on en consomme très peu.

Dans les mois de novembre à fin janvier on arrache les plantes de chicorées destinées à faire de la *barbe de capucin* ; à cet effet on dispose dans une cave, dans un cellier ou dans une écurie, une couche de terre légère de 60 centimètres de largeur sur une longueur déterminée ; on y enterre les chicorées qu'on aura arrachées dans une planche où une bordure, on les placera sur la couche par rang, en laissant entre chaque rang une distance de 10 centimètres, et placer les plantes très près l'une de l'autre dans chaque rang, lorsque les plants ont été mis dans la couche, la terre doit arriver au niveau de leur collet ; après cette opération qui exige beaucoup de régularité, on recouvre les plantes avec de la terre souple ou du sable. On ferme ensuite les portes et fenêtres, et après une quinzaine de jours, les barbes ou feuilles sont sorties ; pour que la blancheur des feuilles se conserve, il faut bien se garder de donner du jour qui les rendrait vertes et amères ; on coupe les feuilles lorsqu'elles ont atteint 25 à 30 centimètres au plus, et enlever tous les corps étrangers, afin d'éviter la fermentation ; si malgré une grande propreté entre les plantes, une putréfaction se déclarait après que les feuilles auront été coupées à quelques reprises, on donne dans ce cas de l'air et du jour aux plantes pendant un ou plusieurs jours jusqu'à ce qu'on s'apperçoive que les plantes ont repris leur vigueur.

Chicorée frisée, endive

On distingue deux variétés de chicorée frisée, celle de *Meaux*, et la *chicorée fine d'Italie* ; cette dernière est la plus répandue dans le Midi, quoiqu'elle soit inférieure en qualité, de celle de Meaux ; leur culture est la même ; on la sème depuis les 1ers jours de mars jusqu'à fin août ; on les sème sur couches sourdes, ou mieux encore au pied d'un mur dans un sol bien fumé. Les semis seront pratiqués tous les 15 jours afin d'avoir assez de plantes pour en garnir plusieurs planches chaque mois. L'arrosage est indispensable après que les plants ont été mis en place, à dater de la dernière quinzaine d'avril les semis peuvent être pratiqués en pleine terre avec la précaution d'un léger paillis de fumier terreauté. Les sujets doivent être plantés à 30 centimètres en tous sens de manière à pouvoir les biner sans les endommager ; il est de bonne pratique de couper les feuilles à 10 centimètres afin de faciliter la reprise du plant ; pendant les grandes chaleurs il est utile de faciliter la reprise des plants au moyen de branches d'arbres ou autres pour éviter une absorption solaire ; il faut chaque soir les arroser, et faire ensuite pour leur belle végétation de fréquents binages.

Pour opérer le blanchiment des chicorées, il faut les lier avec du jonc où de la paille dès qu'elles ont atteint tout leur développement ; il convient que la plante ne soit pas dans un état humide lorsqu'on la lie ; elle pourra ainsi acquérir son blanchiment complet dans une douzaine de jours, lorsqu'on veut en ramasser un certain nombre de blanches pour la vente du même jour, il faut les enlever de terre 5 à 6 jours après les avoir liées, et les mettre à l'abri de l'air et du jour ; après 4 ou 6 jours elles deviennent très blanches uniformément, mais à la condition que les plants seront non humides quand on les arrache.

Outre les chicorées ci-avant désignées, on en cultive surtout une autre variété appelée *passion d'hiver* qui résiste habituellement aux hivers du Midi, et qui donne son produit pendant les froids ordinaires de nos pays ; on la sème en même temps que la *scarole blanche maraichère* en septembre, et réclament toutes les deux les mêmes soins que les autres variétés de chicorées désignées ci-avant.

Choux

Tous les choux demandent en général un bon terrain, substanciel et frais ; ils donnent de chétifs produits dans les terres maigres et sablonneuses ; si le terrain n'est pas frais, il doit être fréquemment arrosé.

Les variétés principales sont : les *choux cabus ou pommés*, les *choux de Milan ou pommés frisés*, les *choux-fleurs* et les *brocolis* dont on mange les parties florales, les *choux verts*, les *choux de Bruxelles* et les *choux-raves*.

Les choux sont tous épuisants, il faut donc les fumer copieusement et pendant leur végétation leur appliquer, en les arrosant, du purin ou des vidanges ; on ne doit planter les choux sur la même terre que tous les 2 à 3 ans. La terre destinée aux choux doit être labourée profondément, et suffisamment fraîche.

Les *choux cabus ou pommés* comprennent plusieurs sous-variétés, parmi lesquelles le *gros cœur de bœuf*, le *chou pain de sucre*, le *gros cabus blanc*, le *Saint-Denis*, etc.

On sème les choux à la volée sur un terrain bien disposé et riche d'engrais ; les semis ont lieu du mois de février au mois de septembre ; lorsque les plants ont 3 à 4 feuilles, il faut les repiquer à la distance de 8 à 10 centimètres en tous sens ; on les arrose immédiatement après, et on renouvelle ces arrosages assez souvent. Lorsque les plants repiqués ont ac-

quis une certaine force, on les plante a 60 à 75 centimètres de distance en tous sens ; on arrose tous les
jours après la plantation jusqu'à la reprise complète.

Les *choux de Milan* comprennent quelques variétés,
entr'autres le *Milan des vertus*, le *Milan hâtif d'Ulm*,
le *Milan frisé d'Agen*, etc. On les sème de mars en fin
juin, il réussit très bien en été, à la condition de
fréquents arrosages, Le repiquage, la plantation et la
culture de ces milans sont absolument conformes à ce
qui a été dit pour les choux pommés.

Les choux fleurs ont pour variétés méritantes le
demi-dur de Paris, le tendre et le Lenormand. On sème
les choux-fleurs de fin avril à fin juin toujours dans
une très bonne terre ; leur culture est la même que
celle des variétés précédentes, seulement on doit les
placer de préférence dans une terre légère et pas trop
humide, mais arrosée fréquemment avec addition
de purin ; quand la maturité est arrivée, on coupe les
choux-fleurs à mesure de la consommation; et quand
on a surabondamment de ce légume, on peut le conserver pour l'hiver, et à cet effet, lorsque les choux sont
arrivés à leur complet développement, on coupe les
pommes en conservant environ 10 centimètres de
tige ; on enlève toutes les feuilles, et on les suspend
la tête en bas dans un local à l'abri de la gelée, et
dans lequel on puisse introduire de l'air quand la
température est douce ; lorsqu'on veut les utiliser, on
coupe le tronçon de la tige et on fait tremper à
moitié le chou-fleur dans sa position naturelle dans
de l'eau fraîche ; au bout de quelques heures, la pomme qu'il faut éviter de mouiller, reprend sa fraîcheur
et son volume.

Le *chou Brocoli* est une sous-variété de chou-fleur ;
on le sème en juin et juillet, et on le met en place en
septembre, après l'avoir repiqué en août,—il est indispensable de la planter à une exposition abritée, afin
qu'il puisse passer l'hiver sans accident ; il convient
à cet effet de couvrir la surface plantée de fumier de
litière. La culture est la même que celle des précédentes variétés, à l'exception de l'exposition qui doit
être chaude. Le *Brocoli blanc* est une des meilleures
variétés.

Les choux verts ne pomment pas, ils produisent
beaucoup de feuilles pour l'emploi culinaire ; à cette
division appartient le chou *Cavalier* qui résiste aussi
au froid et dont l'emploi est plutôt appliqué pour les
bestiaux, mais après qu'il a supporté les gelées il devient plus tendre et plus délicat ; les semis de choux
verts ont lieu de mars à fin mai, pour les récolter en
hiver, et de juillet à août lorsqu'on désire les avoir
en été. La culture et les soins sont les mêmes que
pour les variétés précédentes.

Le *choux de Bruxelles* est une sous-variété du chou
de Milan ; il porte ses petites pommes frisées le long
de sa haute tige, et à l'aisselle de ses feuilles ; sa
culture est la même que celle du chou de Milan ; on
le sème depuis avril à fin juin, afin d'avoir des produits depuis octobre jusqu'à la fin de l'hiver ; les
plants doivent être mis à 50 centimètres en quinconce
et en tous sens, lorsqu'ils sont munis de 5 à 6 feuilles

Le *chou rave* peut rendre de grands services dans
nos contrées, il remplace en hiver les raves avec
beaucoup d'avantages ; on le sème depuis fin avril à
fin juillet ; il vient très bien dans les terres fraîches,

et préfère l'exposition du nord ; sa végétation est très belle dans le midi ; il a plusieurs variétés aussi bonnes les unes que les autres ; *le chou rave blanc. le violet, le blanc hâtif et le violet hâtif*, sa culture est la même que celle du chou de Milan.

Ciboule

La *ciboule* où *ognonette*, est une plante des plus vivaces ; on la sème en février pour la replanter en avril, ou en juillet pour la replanter en septembre ; la ciboule est du reste si facile à diviser et en quantité qu'on pratique rarement le semis ; dans le Midi, on la divise, et on la replante en novembre ; au printemps elle pousse très vite, et dans le courant de l'été, on peut en déraciner de nombreux pieds pour la consommation, on la cultive généralement en bordure, mais si on veut obtenir de fortes touffes, il vaut mieux la cultiver en planches et adopter la culture bisannuelle, c'est-à-dire qu'on les change de place tous les 2 ans, en plaçant les pieds à 25 centimètres de distance en tous sens.

La *ciboulette* ou *civette*, est une petite plante vivace, qu'on multiplie en mars par la séparation des bulbes ; on en met 2 où 3 ensemble en planches où en bordures, à la distance de 25 centimètres, en tous sens ; on coupe les tiges pour la consommation.

Concombre

Le *concombre cultivé* est une plante annuelle ; les meilleures variétés sont : le *blanc long*, *le blanc hâtif*, *le hâtif de Hollande*, blanc en naissant jaune ensuite, très propre à la culture forcée sous châssis, le *petit vert* ou *cornichon* propre à confire, et le *concombre serpent* propre aussi à confire. On cultive le *cornichon* en pleine terre, et en culture forcée ; pour avoir des concombres précoces on sème en novembre ou en décembre les variétés hâtives dans des petits pots (2 graines dans chacun), qu'on place sous chassis, et qu'on chauffe modérément sur couches ; vers les premiers jours de mars on les met en terre et à bonne exposition. Lorsque les plants ont acquis une certaine force on les rabat à 2 où 3 feuilles sur la première et la seconde pousse, et lorsque les branches montent à fruit on les pince immédiatement au-dessus ; on tient les tiges gourmandes élaguées, et en cas de gelées on met des paillassons ; on a ainsi des produits en avril ; pour la culture en pleine terre, on sème à bonne exposition en mars ou avril ; on donne aux plants les mêmes soins qu'à ceux élevés sous chassis, et on obtient ainsi des fruits en juin. En semant en mai, on aurait par les mêmes modes de culture des fruirs en septembre ; c'est aussi en mai qu'on sème les concombres destinés à produire des cornichons ; leur récolte a lieu aussi en septembre, en suivant les mêmes indications décrites au *concombre cultivé*.

Courges

On sème la *courge* en pleine terre depuis la fin de mars à la fin de mai ; lorsqu'on veut en avoir de précoces, on sème en pots qu'on place en février sur couche et sur châssis pour être mis en pleine terre vers la fin avril ; on pratique à cet effet en pleine terre de petits fossés de 30 à 50 centimètres de largeur sur 30 centimètres de profondeur ; on place les plants dans ces fossés ainsi béchés, et on les recouvre avec du fumier ; la courge craint beaucoup le froid ; pour la plaine les mêmes fossés sont pratiqués au fond desquels on met une couche de fumier ; et dans la terre qui est remise au-dessus on sème à tous les 75 centimètres, deux ou 3 graines, dont on réduit les sujets à un seul après leur sortie. La courge aime le défoncement, la fraîcheur et le binage ; pour obtenir des fruits très gros il faut pincer les branches dès que les fruits sont de la grosseur d'un melon, on pince sévèrement surtout les branches où se trouvent les fruits afin qu'ils profitent de toute la sève de la plante.

Les variétés les plus méritantes sont : le *potiron* qui a l'écorce blanche, jaune ou verte, et qui produit des courges d'un poids considérable. *Le potiron d'Espagne* dont le fruit est petit jaune et parfois tacheté de vert ; la chair est très fine, et elle se conserve longtemps. *Le giraumon turban* a la chair plus ferme et plus sucrée que les *potirons* ; cette variété renferme plusieurs sous-variétés dont *le giramon long de Barbarie*, *le palisson* ou bonnet d'électeur, etc. La *pastèque* ou melon d'eau appartient à la famille des giraumons dont la forme des fruits est oblongue.

Les courges doivent être cueillies avant leur complète maturité afin qu'elles se conservent plus longtemps ; leur maturité se complète dans le local où on les place à l'abri de la gelée.

Cresson

Le cresson de fantaisie et le cresson alénois sont les 2 seules variétés qui soient généralement employées. Le premier croit naturellement sur le bord des eaux vives et courantes ; on le propage par graines en mars ou par rejetons enracinés.

Le cresson alénois ou thlaspi à bon goût, a 3 variétés, la *frisée*, *la dorée*, et celle à *larges feuilles* ; on le sème ordinairement en août et septembre, dans une bonne terre un peu fraîche ; il fournit des produits pendant tout l'hiver et une partie du printemps ; si on veut en avoir pendant l'été, il faut semer en avril ou mai, à demi-ombre ; on arrose fréquemment. Cette plante étant bonne à couper 15 jours après avoir été semée, et n'étant de bon goût et tendre que lorsqu'elle est jeune et souvent coupée, on doit renouveller les semis tous les 15 jours.

Echalotte

L'*echalotte* se propage par ses bulbes qu'on plante à fin février dans une terre légère en bordure légère ou en planches à 20 centimètres de distance, on doit les planter peu profondément à 2 où 3 centimètres en terre. Les bulbes sont bonnes pour salades ou pour les apprêts à dater de fin avril, quand arrivent les grandes chaleurs et que les feuilles sont sèches, on déterre toutes ces bulbes et on les expose au soleil, pour les conserver facilement. On consomme les bulbes les plus grosses, et on garde les plus petites pour la reproduction.

Epinard

On cultive deux espèces principales d'épinards ; l'espèce la plus commune a les graines piquantes, et l'autre les a lisses et unies ; toutes les deux ont une variété à grandes feuilles. On sème l'épinard en ligne ou à la volée, dans un sol bien ameubli ; on recouvre la graine au rateau, on la couvre avec une légère couche de fumier, et on arrose avec l'arrosoir. On commence à semer dans la première quinzaine de février; à partir de cette époque, on en sème tous les 15 jours, parce que l'épinard ne se coupe qu'une fois; pendant les grandes chaleurs on doit les semer à

l'ombre et les arroser ; on continue les semis jusqu'à
fin octobre pour la consommation de l'hiver et du
printemps :

Estragon

Cette plante aromatique vivace est appréciée dans
le Midi pour l'assaisonnement de la salade ; on la
multiplie par l'éclat des pieds de préférence aux semis et aux boutures ; on plante chaque éclat à 25
centimètres de distance en bordure ou en planches :
on les tient binés, sarclés et parfois arrosés. On coupe
les tiges tous les 15 jours, afin que les tiges soient
tendres, à la fin de novembre on les coupe ras du sol
et on les couvre avec du fumier ; si on veut en avoir
pendant l'hiver, on plante quelques pieds sur couche.
On doit renouveler les plantations tous les 3 a 4 ans
au plus.

Fève

La *fève* renferme plusieurs variétés : la *fève des
marais* originaire de Perse, ayant pour sous-variété la
fève de *Windsor* dont le fruit est plus arrondi et la
fève naine, très propre pour élever sous châssis :
La *fève à longue cosse*, qui est très productive.
La *fève verte* originaire de la Chine dont le fruit
est vert ; la production tardive et trés importante.

La culture de toutes ces fèves réclame une bonne terre bien labourée et fumée ; on les sème depuis la fin octobre à fin janvier dans les lieux abrités et à bonne exposition par touffes de 2 fèves distancées à 15 centimètres et par rayons à 40 centimètres ; on bine, et on butte dès que les plantes ont 4 à 5 feuilles ; lorsque les plantes ont acquis une hauteur de 40 à 50 centimètres et que les fleurs commencent à passer, on coupe l'extrémité des tiges pour hâter la maturité des fruits, et les rendre plus beaux. A partir de février à fin août on sème en rase campagne, et sur un sol frais on peut en prolonger la production en coupant les plantes qui ont porté une première fois. mais des fruits verts ; elles repoussent dans ce cas, pour donner une nouvelle récolte.

Fraisier

La plus productive et la plus avantageuse des variétés de fraisiers est la *fraise des Alpes* où *des quatre saisons* ; elle produit des fruits plus gros que la fraise des bois, a tout autant de saveur, et donne abondamment depuis avril jusqu'en novembre ; les variétés à gros fruits, sont les fraises *ananas*, *princesse royale*, *gladiateur et marguerite* ; cette dernière variété convient essentiellement dans le Midi.

Le fraisier se multiplie de graines, par éclats et par coulant, ces derniers d'eux-mêmes. La multiplication par éclats est la plus sûre et la plus prompte ; la plantation peut-être effectuée au printemps et à l'automne ; sur un sol disposé en planches, bien préparé et fumé, on place les plants en quinconce à 30 centimètres de distance, on garnit la planche avec le paillis, qui dispense pour quelque temps de faire des binages ; les arrosages sont utiles surtout pendant l'été, et à l'automne on met un nouveau paillis ou plutôt du fumier terreauté ; le fraisier ne doit occuper le même sol que pendant 4 ou 5 ans au plus.

Framboisier

La culture du *framboisier* est des plus faciles ; on le multiplie au moyen de drageons qui sont très nombreux à la base du pied-mère. On le plante en carrés ou en lignes à la distance d'un mètre en tous sens. La terre qui leur convient doit être profonde et légère ; les pousses d'un an sont celles qui portent fruit, il ne faut en laisser chaque année que 5 à 6 au plus, suivant la force du pied-mère ; on donne en été quelques binages, et en automne une fumure.

Le framboisier ne porte fruit que sur le bois d'un an, celui qui a porté meurt en hiver ; il suffit donc lors de la taille d'enlever le bois mort, et de tailler les 5 à 6 branches d'un an qui doivent porter fruit, à 80 centimètres ou 1 mètre suivant leur vigueur; les variétés les plus appréciées sont : *la falstolff, la merveille des quatre saisons à fruit rouge, la belle de Fontenay.*

Groseiller à grappes

Les meilleures variétés de *groseiller à grappes* sont: le *groseiller cérise*; le *groseiller de Hollande à fruits blancs* et le *groseiller de Hollande à fruits rouges* ; la multiplication la meilleure est celle des rejetons et des boutures ; pour ce dernier moyen conserver à l'époque de la taille de mars les pousses de l'année les plus vigoureuses, et les planter de suite dans une terre légère et fraîche, et les placer à 20 centimètres de distance dans des lignes de 30 centimètres afin de pouvoir les biner pendant l'été ; l'année d'après on les arrache en février, et on les plante à 1 m. 20 de distance en tout sens en planches ou en bordure de grand chemin ; il convient de les placer à une expésition nord ou de levant si on veut avoir du beau fruit non absorbé pour les rayons solaires. La forme du gobelet ou en vase est celle qui convient le mieux pour la taille du groseiller, dont on doit chaque année supprimer une partie des pousses nouvelles suivant la force des plantes, et enlever toutes les petites brindilles.

Groseiller épineux ou à maquereau

Il y a deux variétés de *groseiller épineux*, qui ont chacune quelques sous-variétés : ce sont, les *groseil-*

lers *à peau lisse* qui ont pour sous-variétés, celle à *groseiller jaune très grosse, celle à groseille grosse rouge et les groseillers à peau hérissée* qui ont pour sous variété, *celle à groseille grosse ronde, celle à couleur de chair longue et celle à groseille jaune grosse.*

La culture est identique à celle des *groseillers à grappes* ; seulement étant plus robustes, ils supportent toutes les expositions dans le Midi ; leur multiplication est la même que pour les *groseillers à grappes*, ainsi que la taille, qui doit être plus courte, parce qu'ils poussent peu en bois ; la forme d'un vase leur convient, ainsi qu'à ceux qui cueillent les fruits ; on peut les cueillir ainsi sans peine, même au milieu de l'arbuste. Après 5 à 6 ans il faut renouveler les groseillers, ils sont alors épuisés.

Groseiller à fruit noir, ou cassis

Cette variété est sans nul doute la plus vigoureuse et celle qui porte la plus grande quantité de fruits, qui sont noirs et à grappes. C'est avec ces fruits qu'on fait la liqueur du *cassis*. La culture et la multiplication sont les mêmes que celles adoptées pour les autres groseillers ; peu délicats sur l'exposition, vu sa vigueur ; sa taille est aussi conforme à celle des groseillers à grappes, en forme de vase, et à 1 m. 26 de hauteur environ.

Haricots

Le haricot est originaire de l'Inde, sa culture est répandue sur tous les points du globe. Le nombre des variétés s'accroit chaque jour ; les plus méritantes sont classées en 2 grandes divisions ; les *haricots à rames*, dont les tiges grimpantes reclament des tuteurs, et ceux sans rames, autrement dites *nains*, qui s'élèvent peu et forment une touffe branchue. Les meilleures variétés des *haricots* à rames sont : les *haricots de Soissons, le prédome, le sabre et le riz*, les plus estimés parmi les *nains* sont : *les flageolets blancs, et les jaunes*; *le Soissons nain*; ces variétés sont cultivées principalement pour leur grain ; comme *haricots verts ou mange tout*, il faut désigner le *haricot Bagnolet, le noir de Normandie, le haricot beurre ou d'Alger, le prédome, le prague rouge et le nain jaune du Canada.*

La culture des haricots en pleine terre réclame un sol pas trop humide, bien ameublé et bien fumé ; dans les terres légères et chaudes on peut commencer de semer dans les premiers jours d'avril, et dans les fraiches, à la fin du même mois; on sème en ligne, grain à grain à 15 centimètres de distance, et les lignes à 45 centimètres ; dans les terres légères et chaudes, on les sème par touffes de 2 à 3 grains à 20 centimètres de distance et les lignes à 50 centimètres ; à cet effet on ouvre avec la houe de petites fosses de 10 à 12 centimètres de profondeur sur 20 à 25 de largeur, daus lesquelles on place les haricots et on les couvre avec les 10 à 12 centimètres de terre enlevée à la fosse qui suit la première, et ainsi de suite. Lorsque les plants commencent à se fortifier, on les rabaisse de préférence après une pluie afin que la sève surabondante se concentre sur les fruits ; on les sarcle, et on pose les rames aux variétés qui les réclament. On doit éviter de travailler les haricots lorsque les feuilles sont mouillées.

On continue de semer les haricots en pleine terre jusqu'au mois d'août ; pour avoir des haricots primeurs, on les sème sous châssis en décembre ou janvier, sur couches, surmontées de 20 centimètres de bonnes terre. On choisit à cet effet les haricots nains les plus hâtifs, et particulièrement le *horicot noir de Belgique*.

On entretient une chaleur modérée, et on donne de l'air toutes les fois que la température extérieure le permet. On peut aussi activer la culture des haricots en pleine terre en les semant dans les premiers jours de mars par 3 ou 4 grains, dans de petits vases qu'on place sous châssis et sous cloche, et vers la fin avril, quand la température est douce, on les dépote pour les placer en mottes, en pleine terre, à bonne exposition.

Depuis peu d'années on cultive une variété de *haricot asperge* ou à *longue cosse* qui se mange en vert ; ses gousses atteignent une longueur de 50 à 60 centimètres, tout en restant fort tendre, on le désigne aussi sous le nom de *haricot dolique*. Sa culture est identique à celle des autres variétés, elle est aussi intéressante que rénumératrice.

Igname de la Chine.

Quoique la longueur de ses racines soit une grande difficulté pour son arrachage, la douceur et le goût exquis qu'ont les ignames, doit pousser à sa culture, dans l'espérance surtout qu'au moyen de semis on arrivera tôt ou tard à obtenir une variété à racines rondes ou tout au moins, moins longue.

On la multiplie par semis ou par bulbes ; cette plante vient bien partout, et sa végétation est des plus vigoureuses. Au mois de mars on plante des bulbilles, ou on sème des graines ; peu de temps après, il faut poser des branches autour pour les faire ramer. Elles fleurissent, et les graines qui tombent sortent d'elles-mêmes et donnent naissance à des bulbiles nombreuses qu'on place à 60 centimèt. de distance en tous sens ; on arrache les plantes toutes les années vers fin octobre, ou on les laisse 2 ans en terre ; mais si la terre est profonde, on serait forcé à 2 ans, de les creuser à 75 centimètres, et même à 1 mètre. Ses racines coupées à 10 et même à 5 centimètres de longueur, forment des sujets pour la multiplication.

Laitue.

Les laitues admises dans la culture potagère, sont réparties en 2 grandes divisions : les *laitues pommées*

et les *romaines* ou *chicons* ; les premières se divisent
en 4 variétés : les *laitues du printemps*, les *laitues
d'été* et *d'automne*, les *laitues d'hiver*, et les *laitues à
couper*.

Parmi les *laitues du printemps*, ont distingue
surtout la *gotte* ou *petite blonde* à feuilles cloquées et
plissées, elle demande à être semée vers les premiers
jours du printemps, parce qu'elle monte dès l'appa-
rition des chaleurs ; la *dauphine* qui a la paume
grosse, hâtive et un peu rouge.

Aux *laitues d'été* et *d'automne*, appartiennent comme variétés principales, la *laitue de Versailles* pomme
grosse bien garnie, monte difficilement ; la *blonde
paresseuse*, pomme aplatie, se maintient bien ; *Batavia
blonde* ou *de Silésie*, grosse, tendre, aime l'eau ;
batavia brune, très-grosse, meilleure cuite que crue ;
sanguine à graine noire, tient bien sa pomme pendant
les chaleurs.

Les *laitues d'hiver* comprennent pour variétés, la
laitue de la passion qui résiste bien à l'hiver, et qui
pomme vers la semaine de la passion ; la *petite crépe*,
pomme petite, et peu fournie, mais venant très-bien
sous cloche en hiver, elle est aussi excellente étant
cultivée au printemps, à bonne exposition ; *morine*,
feuilles plus foncées que celles de la *passion*, et
tenant plus longtemps.

Les *laitues à couper* ont pour variétés, la *gotte
laitue chicorée*, et la *laitue épinard*, qui sont employées
à cet usage : cette dernière a le mérite de repousser.

Les *laitues romaines* se distinguent par leur feuilles
allongées, et serrées au sommet ; elles ne sont ni
frisées ni cloquées, et se tiennent droites. Les

variétés les plus estimées sont : la *verte maraichère,*
se pommant sans avoir besoin d'être liée ; elle réussit dans toutes les saisons, et pour l'hiver, il suffit
de ficher en octobre, au pied d'un mur, des plants
d'un semis fait en août ; la *frisée maraichère* a les
mêmes propriétés de la précédente, elle est plus
hâtive au printemps ; il suffit d'un lien pour la
fermer et la faire blanchir comme la précédente.
Les *vertes d'hiver, grosse grise d'hiver et d'été, rouge
d'hiver,* résistent très bien au froid ; la *panachée
sanguine* ne craint ni les chaleurs de l'été, ni les
humidités de l'automne, elle est excellente et très
tendre pour le printemps ; *verte hâtive,* bonne pour
les couches et les plantations du printemps.

On sème la laitue pommée depuis mars au mois
d'août ; pour avoir des produits plus hâtifs, on doit
semer sur couche et sous châssis ou sous cloche en
janvier, pour repiquer les plants en mars ou février
à bonne exposition. Pour avoir des laitues et des
romaines en avril, il faut semer en septembre à
bonne exposition, les variétés qui ne craignent pas
l'hiver, telles que les *crêpes,* la *romaine,* la *passion,*
etc., il faut aussi les repiquer courant octobre et
novembre, au midi, au levant, sur des ados inclinés
vers le midi : par prudence les couvrir avec de la
grosse litière.

Lentilles.

La *lentille* renferme les variétés suivantes : la *commune* qui est appelée aussi la *grosse blonde,* et la

rouge dite *à la reine*, dont le grain est petit, bombé, rougeâtre et très estimé. Quoique la lentille fasse partie de la grande culture, elle est encore très convenable dans les parties de terrain les moins bonne du potager. On la sème en lignes espacées de 20 à 30 centimètres dans le courant de février. Le grain est de qualité supérieure, et d'une cuisson plus facile, quand on le conserve dans les cosses.

Mache.

La *mache* (*doucette, blanchette, mousselette*) est annuelle, elle est très estimée pour salade ; elle a 2 variétés, l'une appelée *mache* ronde, à grosse graine ; l'autre *mache d'Italie,* dont la feuille est plus large et garnie d'un duvet peu agréable. On sème les *maches* tous les 15 jours depuis juillet jusqu'à fin octobre à la volée, dans une terre ameublée, on sème et on enterre avec le rateau ; on les mouille souvent et on sarcle, cette graine lève plus promptement, quand elle a 2 ans ; elle est bonne pendant 8 ans lorsqu'elle est bien conservée.

Melons

Il existe un nombre infini de variétés de melons, qu'on peut ranger en 3 divisions principales : les *communs* ou *brodés*, ceux à *écorce unie*, et les *canta-*

loups. Les variétés les plus estimées dans la première division, sont : le *sucrin de Tours*, forme ronde, côtes peu saillantes, écorce brodée tirant vers le jaune lorsqu'il est mûr ; chair rouge, ferme et d'un goût relevé, très sucré quoique très aqueux ; *petit sucrin de Tours*, petit, rond, applati par les extrémités, écorce verte, chair rouge et de bon goût, fruit précoce, très propre a être forcé sous châssis ; *sucrin des carmes*, forme ovale, sans côtes, écorce tournant vers le jaune lors de maturité, chair fondante, sucrée, blonde et ferme ; *sucrin de Honlfleur*, allongé, gros, parfois énorme ; côtes larges et saillantes, chair trés bonne.

Les melons de la seconde division à *écorce lisse*, sont réputés être les moins fiévreux ; il y a quatre variétés principales, qui sont : *melon de Cavaillon*, fruit allongé, écorce lisse, verte et un peu brodée, chair blanche, très fine, fondante épaisse, d'une saveur relevée et sucrée, qualité supérieure ; de *malthe à chair blanche*, hâtif long, gros, chair fondante et sucrée ; de *malthe à chair rouge*, même forme, parfumé, plus hâtif que le précédent ; de *malthe d'hiver* écorce très lisse et unie, chair d'un blanc verdâtre, fondante parfumée, il se conserve facilement en hiver.

Troisième division, *melons cantaloups* : il y a aujourd'hui des variétés sans nombre de cantaloups vu que son hybridation a lieu, comme celle de toutes les cucurbitacées, à de grandes distances. Les variétés les plus propices aux châssis et les plus hâtives, sont : le *cantaloup orange*, le *fin hâtif*, le *petit prescot*, le *gros prescot*, le *noir des carmes* ; celles pour la pleine terre sont le *cantaloup à chair verte*, *le cantaloup à chair blanche*, *le mongol*, *le cantaloup noir de Hollande*, *le gros du Portugal*, la plupart acquièrent, dans le Midi, des grosseurs considérables.

Culture : Faire des fosses de 60 à 70 centimètres de profondeur, les remplir à moitié de fumier bien tassé, et placer au-dessus 20 centimètres de bonne terre, sur laquelle on jette du terreau ; la terre qui a été enlevée du fossé, est placée comme ados au versant nord. Lorsque cette couche est bien assise, ce qui a lieu après la quinzaine, on sème vers le 15 mars, les graines à 25 centimètres, environ on les recouvre au besoin de paillassons, etc. ; lorsque les plants sont levés, on ne laisse que les plus robustes, à 80 cent. de distance l'un de l'autre ; on sarcle et on bine toutes les fois que besoin est, et lorsque la plante a 3 ou 4 feuilles, on la pince, opération qu'on renouvelle une deuxième fois sur les tiges latérales, quand elles ont 5 à 5 feuilles ; à mesure que les chaleurs se déclarent, on diminue l'ados pour butter légèrement, surtout quand le fruit est formé, pour qu'il n'y ait pas arrêt dans la végétation pour avoir des melons plus précoces en pleine terre, mieux vaut les semer dans les premiers jours de mars, dans des fossés de 60 à 70 centimètres, comme il est dit ci-dessus, et de placer une cloche de verre sur chaque plant de melon, qu'on pince comme il a été indiqué. On n'enlève la cloche qu'après que les fruits de chaque plant son bien noués. On ne doit laisser à chaque plante que 4 à 5 melons, qu'on habitue peu à peu à l'air extérieur, en soulevant les cloches ; on ne retire entièrement celles-ci qu'au moment où il n'y a plus à craindre aucune atteinte de froid, dans tous les cas, on aurait recours aux paillassons, dont on fait emploi au début de la végétation, toutefois qu'il y a crainte de gelées dans la nuit.

Primeurs. — Faites au mois de janvier, une courbe d'une longueur donnée, et de 1 mètre à 1 mètre 25 de largeur, suivant la grandeur des châssis, et de 1 mèt. de hauteur, autour de laquelle on établi un *réchaud* de 40 centimètres de largeur, dépassant la hauteur de la couche de 30 centimètre environ, on couvre la couche de 25 centimètres de bonne terre ou de terreau ; dès qu'elle a jeté son grand feu, on y renferme des vases de 10 centimètres de largeur, pleins de bonne terre, dans laquelle on sèmera deux graines de melons des plus hâtifs, tels que le *cantaloup noir des Carmes,* l'*orange,* les *prescots* etc. ; on pose des châssis par dessus et on les couvre de paillassons pour accélérer la végétation et les garantir du froid. Lorsque la graine est sortie, on arrache le plant qui paraît le moins robuste et celui qui reste doit être habitué peu à peu à la lumière et plus tard à l'air extérieur. On entretient une chaleur modérée dans la couche, en remaniant le réchaud avec du fumier neuf et en le rétablissant sans retard ; une couche de 1 mètre d'épaisseur maintient sa chaleur pendant vingt à trente jours suivant sa confection ; si le secour du remaniement du réchaud est insuffisant, il faut faire une seconde couche dans laquelle on transporte les pots et on y sèmera en même temps d'autres graines de melons pour avoir des plants bons à succéder aux premiers. Lorsque les plants auront trois feuilles, on pincera la tige au dessus de cette troisième feuille ; peu de jours après cette opération, on met les plants en place à 1 mètre de distance dans une troisième couche de 1 mètre 25 de largeur, pour 60 centimètres d'épaisseur, inclinée au au midi, couverte de châssis et garnie au-dessus de de 40 centimètres de bonne terre mêlée à du terreau. Lorsque les plants ont commencé à végéter, on chausse la tige pour faire pousser de nouvelles racines ; lorsque les tiges latérales ont poussé cinq à six feuilles, on les pince de nouveau, en laissant croître ensuite les autres branches, sauf les gourmandes, qu'on doit enlever entièrement. Quant le plant a de jeunes fruits, on pince à deux feuilles au-dessus du fruit qu'on veut conserver et on supprime tous les autres, à chaque plant on laisse trois ou quatre melons, qu'ils soient sous châssis ou sous cloche, depuis que le fruit est noué jusqu'à sa complète maturité. Il est essentiel de les préserver de la pluie et des arrosements. Lorsqu'il est utile de les arroser, on retire les branches et les fruits et on mouille la terre sans arroser la tige ; on n'arrose que dans l'extrême nécessité. Quand les fruits approchent de la maturité, on les place sur un morceau de planche et on les couvre d'une cloche.

Navet.

On cultive de nombreuses variétés de navet ; les plus méritants sont : le *navet des vertus* oblong, chair tendre et fine, écorce très blanche, hâtif et de bonne qualité ; celui de *Meaux*, chair ferme, peau blanche tirant sur le jaune et très allongé ; *rose du palatinat*, chair tendre et sucrée, collet rose ; *gros long d'Alsace*, très gros, plus convenable à la grande culture et aux animaux peu délicat ; du *limousin, tuineps*, ou *rabioule*, peu difficile sur la qualité du terrain, gros cultivé plus particulièrement pour les animaux, mais de bonne qualité. On cite encore comme de très bonne qualité pour le potager, le *rond boule d'or*, le *gris de chiroules* et le *rose hâtif plat*. Le navet aime les sols légers et frais ; lorsque le terrain a été bien ameubli, on sème la graine par un temps couvert, et on passe légèrement le rateau quand le plant est levé. Les semis du printemps ont l'inconvénient de monter rapidement ; ils ont lieu du mois de juin à fin septembre, à la volée ou en lignes ; quand les plants ont quelques feuilles, on les sarcle, on les bine, et on les éclaircit au besoin ; avant les fortes gelées on les arrache et on les met en tas dans le sable, après qu'ils auront été ressuyés ; on peut aussi les mettre en réserve, un lit de sable et un lit de navet, en forme de silo, dans une cave ou un cellier ; quand on désire avoir des navets pour l'été, on sème au mois de mars et d'avril, le *navet des vertus* spécialement ; il monte moins que les autres variétés, et il est le meilleur pour la culture maraîchère.

Oignon.

Les meilleures variétés d'oignon pour le midi, sont : le *blanc hâtif*, le *blanc gros*, celui de *Madère très gros,* le *rouge pâle,* le *pyriforme,* et celui *d'Egypte* ou *rocambole,* dont la tige à fleurs produit plus de bulbes que de graines, etc., tous les oignons se sèment à la volée ou en lignes, de mars à septembre, ils préfèrent les terrains gras et précédemment amendés par des engrais ; il convient de faire deux labours dont le dernier au moins un mois avant les semailles ; si le temps est sûr, on donne quelques arrosements, mais une fois le plant levé, on ne mouille plus ; un mois après, suivant la force, on repique les plants à 10 centimètres de distance. Les plants qui ont été repiqués en septembre et octobre poussent des tiges au printemps, on doit alors les bien sarcler, biner et arroser ; au moyen de ces soins l'oignon est formé en mai et juin, pour être consommés pendant l'été et l'automne, ils ne se conservent pas au-delà de novembre et de décembre ; lorsqu'ils commencent a pousser, on fait choix des plus beaux plants pour les repiquer à bonne exposition ; ils produisent graines vers les mois d'août.

L'oignon qui doit être consommé pendant l'hiver, est semé en février ou mars. Si on sème dans une terre légère, il faut, après le semis, piétiner le terrain, dans le but de mettre la graine en contact avec la terre, ce qui facilite sa végétation ; on doit ensuite niveler la surface avec le rateau, et arroser régulièrement jusqu'à la sortie des plants. Une fois sortis, les plants ne réclament plus que les arrosements et les sarclages nécessaires ; lorsque les plants ont acquis la force nécessaire pour être repiqués, on plante les plus beaux en planches nouvelles et on laisse en terre les moins beaux, à une distance de 20 à 25 centimètres.

Oseille.

On cultive plusieurs variétés d'*oseille*, la *commune* à feuilles étroites et très acidés ; celle de *belleville*, à feuilles plus larges et moins acidées ; et celle dite *oseille vierge* dont les feuilles sont d'un vert pâle, et peu acidées. On la multiplie par semis et par éclats, mais le semis est préférable, les plants sont plus robustes et durent plus longtemps ; lorsque le plant venu de semis est de la grosseur d'une plume pour écrire, on le met en bordure ou en planches à des distance de 40 centimètres en tout sens. Les semis et la plantation par éclat, ont lieu en mars et en avril ; quelques binages et quelques arrosements suffisent à la bonne venue de cette plante dont l'acidité augmente par l'effet des chaleurs d'été ; il est bon de placer quelques pieds au nord.

Panais.

Cette plante est peu cultivée dans le midi ; elle est pourtant d'un grand secours dans le nord comme plante maraîchère, dont la racine charnue et aromatique, donne un excellent goût au potage et aux apprêts ; tous les bestiaux en sont friands, et cette racine alimentaire est d'autant plus précieuse pour la nourriture de l'homme et des bestiaux de toutes races, qu'elle se conserve très bien encore pendant l'hiver, on la sème en mars et avril, elle aime une terre bien ameublée et profonde ; l'enveloppe de la graine étant très dure, il est convenable de la frotter avec du sable sur une table ou dans un linge ; à cause de la grosseur de la racine, il faut mettre les rangs et les plantes à 30 centimètres de distance. Il y a trois variétés de *panais*, le *rond*, le *long*, le *demilong* ; elles ne réclament toutes les trois que quelques sarclages, quelques binages, et peu d'arrosement, la graine ne conserve sa faculté génératrice que pendant un an.

Patate.

La *patate douce*, plante tuberculeuse de l'Amérique méridionale, a des racines grosses, moëlleuses, sucrées, d'un goût très agréable est très nourrissantes. Il est peu de substances alimentaires aussi nourrisantes et aussi propres à maintenir et a reconstituer la santé ; elle est très productive, beaucoup plus même que les pommes de terre. La patate est bonne au naturel, bouillie ou cuite dans la braise; elle forme une des meilleures garnitures de ragoûts gras ou maigres ; elle est délicieuse en friture, en compote en gratin et forme aussi une des meilleures confitures glacées ; il existe de nombreuses variétés ; celles qui prospèrent le mieux dans le midi, et les meilleures sont : celles à *racines jaunes* et celles à *racines roses*. La variété à racine blanche est la plus productive, mais elle est souvent filandreuse et dégage une odeur très prononcée d'essence de rose, signe de sa prochaine dissolution.

Cette plante présente dans sa culture des difficultés qui ne permettent pas d'en faire une grande culture ; la première difficulté consiste dans la conservation du tubercule, qui craint essentiellement le froid, ainsi que l'humidité. Le moyen le plus assuré pour conserver les tubercules est de les placer, lorsqu'ils sont bien secs, dans une caisse, on les dispose par rangs séparés et par tubercules séparés avec de la paille ou des balles de blé ou d'*avoine*, de manière que les tubercules ne se touchent pas ; dans ces conditions on les place près d'un poële ou d'une cheminée, de manière qu'ils ne ressentent pas le colorique, mais qu'ils soient à l'abri du froid et de l'humidité.

Arrivés sains et saufs à la fin de fevrier, les tubercules sont placés sur une couche de 50 centimètres fumier de litière garnie par dessus de 20 centimètres de terreau, dans lequel on a enterré à moitié les patates. Dans cette couche couverte par un châssis et par un paillasson pendant la nuit, et pendant le milieu du jour, la végétation débutera vers la fin de mars, et vers le 15 avril on pourra enlever des pousses de 10 à 16 centimètres de longueur qu'on placera dans des pots de 10 centimètres de diamètre. Ces boutures sont mises sous un châssis garni de papier huilé, dans une couche de litière, surmontée de terreau comme il est dit ci-dessus, préparé à l'avance. Au bout de 15 jours, c'est-à-dire vers la fin d'avril, ces boutures sont enracinées, et on les mettra en terre avec leur motte à 60 centimètres de distance en tous sens.

Le terrain sur lequel leur plantation aura lieu doit avoir été béché et fumé pendant l'hiver, et cultivé de nouveau ; par précaution il est utile de recouvrir le sol de litière, et de préserver indispensablement les plantes des rayons solaires, au moyen de vases renversés ou de branches garnies de feuilles; on sarcle et on bine quand besoin existe, et la récolte doit-être faite en octobre par un temps doux et sec ; avant de les enfermer, on les fait bien sécher au soleil ; il faut bien prendre garde de ne pas les blesser, car la moindre égratignure les dispose à se gâter.

Persil

Le persil est un ombellifère trisannuelle ; ses variétés les plus usitées sont : *le commun, le frisé ordinaire* sujet à dégénérer. Le *nain très frisé*, celui à *larges feuilles et le persil tubéreux* dont la racine sucrée, tendre, et bonne à apprêter, égale la grosseur d'une carotte moyenne. On sème de mars à fin septembre, à la volée ou en lignes distancées à 10 centimètres en planches ou en bordures. Sa graine reste un mois à lever ; on sarcle, on bine et on mouille les jeunes plants ; lorsqu'il a acquis son développement, il occupe tout le terrain en forme de gazon. Pour que le persil soit bon, on doit le couper souvent. Pendant l'hiver le couvrir d'une légère couche de gros fumier : la graine est bonne pendant 4 à 5 ans.

Piment

On l'appelle aussi *poivron, corail, poivre de guinée ou poivre long* ; on sème sur couche en février, et en plein air à bonne exposition en mars et en avril. On repique en avril et en mai, à 40 centimètres ; on bine, on sarcle et on arrose pendant les chaleurs ; le fruit est formé en août ; on compte plusieurs variétés dont les principales sont : *le piment long ordinaire, le gros carré double d'Espagne — le rond — le violet — et le piment tomate,* dont le fruit rond et jaune a la forme d'une tomate.

Pissenlit

Cette plante potagère est indigène ; elle vient natu-rellement dans les pâturages : elle est bonne pour salade, vers la fin de l'hiver surtout ; on peut amé-liorer parfaitement cette composée en la semant en mars en planches bien fumées et bien travaillées. On obtient par une bonne culture, des pissenlits à feuilles plus larges, et dont le cœur est mieux rempli.

Poireau

On compte trois qualités principales de *poireau* ; *le long ordinaire — le gros court du Midi — le gros court de Rouen*. Ce dernier atteint une grosseur énorme. On le sème dans un sol substantiel et bien amendé. Les époques de semaille en pleine terre sont : le mois de février et de mars; de juin et de juillet : on le sème aussi en septembre pour avoir des produits précoces, mais il est plus exposé à monter de bonne heure : on le repique en planches dès que le plant a acquis la grosseur d'un tuyau de plume, à la distance de 20 centimètres.

On peut aussi, pour avoir des poireaux précoces non sujets à monter, les semer sur couche en décembre, pour les repiquer en février ; on a ainsi des produits en juillet.

Ainsi qu'on le pratique pour la plupart des végétaux, on réserve pour porte-graines, les pieds de poireaux les plus beaux ; ils passent sans danger l'hiver en terre. Cette graine est bonne à semer pendant deux ans.

Poirée

La *poirée où belle* plante bisannuelle est employée dans la cuisine, et comprend trois variétés principales ; *la poirée ordinaire, la poirée à cardes et la poirée à cardes du Chili*. Cette dernière variété et la *poirée à cardes* se préparent pour la cuisine comme le *cardon*; ce sont les côtes ou pétiole des feuilles qui servent aux préparations culinaires ; les *cardes du Chili* surtout dont les pétioles ont un goût exquis ont des feuilles d'une telle grandeur quelles servent comme ornement dans un jardin ; elle est toute nouvellement introduite.

On la sème sur couche en mars pour planter en mai en pleine terre à 1 mètre de distance en tous sens ; des binages et quelques arrosages donnent une très grande vigueur.

Les 2 autres variétés de poirée doivent être semées de mars en août ; on les plante ou on les laisse en place à 40 centimètres de distance ; on bine et on arrose parfois ; pour avoir des feuilles bien blanches, il faut les couper souvent.

Pois

Les variétés que présente aujourd'hui ce légume sont très nombreuses : on les divise en deux sections principales : 1º les *sans parchemin* ou *mange-tout*, ou *goulu*, ou *gourmand*, dont on mange le grain et la cosse, et le *pois à écosser* dont on mange le grain, on compte quatre variétés principales ; *le pois sans parchemin nain* dont les cosses tendres et petites ne contiennent que 5 à 6 grains, il ne s'élève qu'à 50 centimètres environ ; le pois sans *parchemin à demi rame*, à cosse bien pleine et productif, le *pois sans parchemin blanc*, à grandes cosses, très productif, tardif, et à grandes rames ; ses cosses sont grandes, charnues et très sucrées — *le pois turc ou couronne* ; à grandes rames, cosses nombreuses, est les plus tendres de toutes les variétés de *mange-tout*.

2º Les *pois à écosser* qui se divisent en 2 sections

dont ; *les pois à écosser nains, et les pois à écosser à la rame.*

Dans la première cathégorie, on compte le *pois nain hâtif*, très propre aux châssis, s'élève peu, et réclame d'être pincé à 3 ou 4 fleurs. *Le pois nain de Hollande*, à cosse petite, il s'élève très peu — *le nain de Bretonne* s'élève à 20 centimètres environ, bon pour bordure ; gros grain, bonne qualité, tardive et très productive :

Dans la seconde catégorie à *rame*, ou compte le *pois Michaux ou petit pois de Paris* : très précoce et très bon, se sème ordinairement avant l'hiver, au pied d'un mur exposé au Midi ; on le pince à 3 ou 4 fleurs. Il réclame d'être ramé, surtout lorsqu'il est cultivé dans les terres fortes — *Michaux de Hollande*, craint le froid, et est très précoce. On le sème vers la fin février : les terrains secs, inclinés vers le Midi et le levant lui sont favorables ; il n'a pas besoin d'être ramé — *pois de Marly* ; tardif et très élevé, cosses bien garnies — *pois de Clamard* ; produit abondamment, son grain est sucré et tendre, c'est le meilleur pour l'arrière-saison — *pois carré blanc* ; il n'est bon qu'en vert ; il est le plus gros, le plus tendre, et le plus sucré de tous ; il demande à être semé dans un sol médiocre ; dans de bons fonds, il monte trop, et et ne produit pas — *pois ridé de Knight* ; à grandes rames, tardif, très productif et excellent, etc.

Culture. Les pois peu difficiles sur la qualité du sol réclament de n'être semés sur la même terre que tous les 4 à 5 ans ; on les sème de novembre à juillet par touffes ou par planches, en lignes distancées de 40 centimètres environ, à 7 ou 8 centimètres de profondeur, et à 20 centimètres l'un de l'autre ; aussitôt que le plant a 20 ou 25 centimètres de hauteur, on le sarcle, on le bine, on le butte, et quelques jours après on le rame, au besoin : les espèces hâtives et même celles qu'on ne rame pas, doivent être pincées à la 3me où 4me fleur ; elles sont ainsi plus hâtives.

Les semis précoces de novembre, décembre et janvier se font avec des Michaux ou autres variétés hâtives ; on les fait à l'exposition du Midi et on les recouvre de bonne litière : les derniers semis se font avec les *Clamard*.

Pois chiche

Le pois chiche (garvance) très cultivé dans le Midi de la France, et dans les parties méridionales de l'Europe. se sème en fevrier et mars dans tous terrains, pour récolter en juin et juillet ; on doit les recolter avant leur complète maturité pour qu'ils soient d'une cuisson plus facile et plus complète. On les sème en ligne espacées de 40 à 60 centimètres, et les grains à 8 ou 10 centimètres l'un de l'autre ; de simples binages suffisent pendant la végétation ; on fait la récolte lorsque les gousses sont jaunâtres. On les arrache à la main, et on les laisse sécher sur le sol, où dans un endroit sec pour les battre au fléau.

Pomme de terre

La pomme de terre (parmentière) solanée originaire de Virginie, a une infinité de variétés qui, par les semis s'accroissent chaque jour ; les meilleures pour la table et les plus précoces sont : le *marjolin,* appelée aussi *la St-Jean*, très productive à chair très fine et mûrit en juin, *la schaw* , jaune, grosse allongée, très productive, maturité fin juin; la *truffe d'août*, rouge pâle, hâtive, de bonne qualité, se conserve longtemps sans germer *la jaune longue d'Allemagne*, lisse et applatie, qualite très fine, etc.

Culture. On plante de février en avril pour les hâtives, et de juin à fin juillet les secondes ; on doit choisir des tubercules entiers, forts ou au moins moyens ; on les place à 10 ou 15 centimètres de profondeur et à 35 à 40 centimètres de distance dans des petites fosses distancées de 50 centimètres, on doit recouvrir chaque ligne de fumier de litière afin de protéger les premières pousses. Dès que celles-ci ont de 12 à 15 centimètres de hauteur, on bine et on les butte ; on renouvelle cette opération toutes les fois que la propreté de la planta'ion le réclame. La récolte en est faite de juin à juillet, époque à laquelle on peut semer les secondes, c'est-à-dire de non hâtives : la pomme de terre préfère une fumure de 2 ans; mais elle se trouve toujours très bien d'un paillis ou fumure de litière.

On peut aussi obtenir, dans le Midi, des pommes de terre pour la consommation de la fin avril ; à cet effet on les plante en septembre ou octobre dans de petits fossés de 50 centimètres de profondeur ; on plante des tubercules entiers à 20 centimètres ; on couvre à 10 centimètres avec du fumier de litières; si la gelée devient intense, on butte avec de la nouvelle litière ; quoique les vtiges soient détruites par la gelée, malgré tous les soins apportés, les tubercules n'en meurent pas, et la récolte peut néanmoins avoir lieu en avril.

Pourpier

On connaît 2 variétés de pourpier, celui à *feuilles vertes*, et le pourpier doré : cette dernière est plus tendre et meilleure soit pour la salade, soit pour la manger cuite ; cette plante est très sensible aux moindres gelées, et demande à être semée en avril seulement ; la graine qui est très fine doit être répandue à la volée très clair, sur une terre très meuble ou du terreau ; on enterre la graine peu profondément avec le râteau et on mouille tous les jours jusqu'à ce qu'elle soit sortie ; pour que cette plante se conserve tendre, il faut l'arroser souvent.

Radis

Les principales variétés du *radis* originaire de la Chine et de la famille des crucifères, sont : le *blanc ordinaire, le blanc hâtif, le petit rond rose, le rose hâtif,* et parmi les longs on compte, *le gris long d'été, le demi long écarlate, le demi long rose. le demi long*

rose à bout blanc, le long rose, le gros blanc d'hiver
etc. on sème les radis depuis février jusqu'en octobre ; comme ils ne sont bons que quand ils sont tendres, on doit en semer tous les 8 jours ; on mange
les gros radis d'hiver coupés par tranches minces où
rapés en salade ; pour en avoir à manger pendant
tout l'hiver, il faut les semer en septembre, les arra-
cher avant les gelées, et les conserver enfouis dans
un cellier, ou dans une tranchée recouverte de fumier, après leur avoir enlevé les feuilles.

Rave

La *rave* exige la même culture que le radis ; les
variétés les plus recommandables sont la *rave ronde,*
où *turneps des anglais, la grosse noire d'Auvergne, la
ronde blanche hâtive, la jaune ronde boule d'or, la
jaune hâtive de Hollande et la rave de Crucy.*

Raifort sauvage

Le *raifort sauvage ou rave de Bretagne* est une crucifère vivace qui se multiplie par semis faits au
printemps. et plutôt par drageons ; la racine fraîche
rapée sert de moutarde aux allemands ; en reprodui-
sant par drageons au mois de mai, on peut avoir des
racines un an après.

Rhubarbe

Les anglais se servent des côtes de *rhubarbe on-
dulée* pêlées et coupées par tronçons, pour mettre en
guise de fruit dans la confiture, et dans les pâtisse-
ries ; on en fait peu d'usage en France, on en trouve
seulement quelques plantes dans les jardins comme
plante d'ornement. On sème en mars et lorsque les
plants ont acquis une certaine force, on les repique
a 1 mètre de distance ; cette plante est très vorace ;
les feuilles deviennent très grandes, très ornementa-
le, dans n'importe quelle terre, la racine et les feuilles sont purgatives.

Roquette

La *roquette* est une crucifère indigène du Midi de
la France ; on l'emploie, lorsqu'elle est jeune, pour
les fournitures de salade ; on sème en février et mars
et successivement ; en été, on la sème à l'ombre ; on
doit l'arroser pour que les plantes soient plus tendres.

Salsifis

Le *salsifi* ou *cercifis* est une composée indigène et
bisannuelle ; on la sème à la volée on en lignes de

février en avril dans un sol bien fumé, profond ; et
bien ameubli ; on facilite la sortie des graines au
moyen d'arrosages fréquents ; on éclaircit les plants
à 15 centimètres l'un de l'autre ; ils demandent d'ê-
tre sarclés, binés et arrosés jusqu'à ce qu'ils couvrent
le sol. Ce sont les racines qui sont employées pour
la culture ; les feuilles peuvent être utilisées pour la
salade. On fait la récolte de la racine du mois de novembre au mois de mars.

Scorsonère d'Espagne

Les *scorsonères* où *salsifis noirs* diffèrent du salsifis
par leur racine noire à l'intérieur et blanche au de-
dans, tandis que celle du salsifis est blanche à l'extérieur comme à l'intérieur : les scorsonères sont vivaces ; leurs feuilles sont larges et duveteuses, tandis
que celles du salsifis sont étroites et lisses. Qn sème
en mars où avril si on veut utiliser la racine dès la
même année, et en juillet ou août, si on ne veut les
utiliser qu'à la seconde année ; la scorsonère produit pendant 3 et 4 ans sans que sa qualité en
soit altérée : lorsqu'à la seconde ou à la 3e année,
la plante monte en graines, il faut couper les tiges
montées ; la racine n'en prend que plus de volume ;
on ne conserve que celles destinées à porter graines.

Sauge

La *sauge*, plante aromatique indigène et vivace, est

cultivée dans le potager ; on s'en sert pour aromati-
ser la viande de porc, les châtaignes et autres mets ;
on s'en sert aussi en guise de thé et de tabac. On
cultive 2 variétés de cette labiée, la *grande sauge
officinale et la petite sauge de Provence*, on la propage
par semis au printemps, par bouture et par éclats.

Tétragone.

La *tétragone* succédanée de l'épinard est appelée à
rendre de très grands services dans le midi de la
france, par ce que sa végétation qui ne réclame pas
beaucoup de soins, résiste aux fortes chaleurs de l'été
et fournit à cette époque un légume qui remplace
avantageusement les épinards au moment où ceux-ci
ne produisent qu'à force de soins des feuilles souvent
immangeables dans les apprêts : Cette plante est
donc une véritable richesse pour le midi.

On sème en mars ou en avril dans une terre fumée
et bien ameublie par touffes de 3 à 4 graines dont
on ne conserve que le plus beau sujet ; la distance à
laisser entre les plants, est de 60 à 80 centimètres.
Sa végétation est si robuste qu'au mois de juin on
peut cueillir les feuilles pour la cuisine ; elle repousse
promptement, et couvre bientôt le sol ; on peut faire
en été 5 à 6 cueillettes, on ne prend que l'extrémité
des feuilles. La tétragone prend un développement tel,
que 10 à 12 pieds suffisent pour la fourniture abondante d'un ménage de 8 à 10 personnes ; pour avoir
de la bonne graine on laisse quelques pieds se

développer librement, en s'abstenant de couper les tiges et même les feuilles.

Tomate.

La *tomate* (pomme d'amour) solanée annuelle du Mexique a plusieurs variétés grandes ou petites, rondes, ovales ou sillonnées. On la sème en février sur couche et sous châssis ; dès que les plants ont de 12 à 15 centimètres de hauteur, et que la température extérieure ne laisse plus rien à craindre, on les repique en pleine terre à bonne exposition en planche ou en bordure à 40 centimètres de distance ; lorsqu'elles ont atteint 30 à 40 centimètres de hauteur, on les pince, afin de faire développer les branches latérales ; lorsque les fruits sont parvenus à moitié de leur grosseur environ, on retranche une partie des feuilles pour que la sève se porte plus abondante sur les fruits, afin qu'ils deviennent plus gros et plus tôt mûrs : les graines germent pendant 4 ans.

Topinambour.

Le *topinambour* (poire de terre) de la famille des composés, vivace, originaire du Brésil, est une des plantes tuberculeuses qui donnent les produits les plus considérables, surtout lorsqu'on lui accorde un terrain convenable et un peu de fumier. En France, on plante le topinambour dans les sols les plus maigres ; en Belgique, on lui accorde les mêmes soins qu'à la pomme de terre, mais aussi il y rend beaucoup plus qu'elle.

Sa culture est conforme à celle des pommes de terre ; on le plante en février, et on le récolte de août à octobre. Ses tubercules résistent aux plus grands froids, ce qui permet de n'en faire l'extraction qu'au fur et mesure des besoins de la cuisine, ou des animaux qui en sont très friands.

ARBRES A FRUITS

On a généralement l'habitude, dans le midi de la France, d'établir le jardin fruitier dans le potager ; il serait plus régulier d'avoir le potager à côté du fruitier, afin qu'on puisse donner sans entraves les soins réclamés par ce dernier et au potager tout l'air et le soleil dont il a besoin à quelques époques de l'année. L'exposition la plus convenable pour le fruitier est celle du levant au couchant, avec des murs au nord ou à l'ouest, élevés à la hauteur de 3 mètres environ, entre lesquels seront plantés des arbres en espaliers, qui devront être palissés à un treillage de roseaux écartés du mur à 10 centimètres au moins, pour que l'air y puisse circuler. Il est aussi très utile que le mur soit couronné par un chaperon dont la saillie en tuiles ou autres, doit être de 20 à 25 centimètres; les platebandes qui occupent le pied des murs et dans lesquelles sont plantés les arbres fruitiers, doivent avoir de 1 mètre à 1 mètre 50 et défoncées de 70 à 75 centimètres de profondeur, et largement fumées et amendées, le restant du fruitier planté en planches ou en carrés doit-être aussi défoncé et amendé de la même manière.

A défaut de murs, on doit former des palissades en roseaux ou autres de 2 à 3 mètres et à 50 centim. de cette pallissade, planter de piquets garnis de roseaux ratissés ou de fil de fer, contre lesquels on palisse les arbres. En général, les fruits des arbres conduits en espalier, sont plus gros et plus savoureux que ceux qui sont élevés en plein air ; il convient toutefois d'obvier aux chaleurs du midi en pratiquant aux murs quelques ouvertures de 15 à 20 centimètres de grandeur, qui fermées en hiver et au printemps, seront très salutaires pendant l'été, soit aux arbres, soit aux fruits; on doit aussi faire choix des espèces qui conviennent le mieux dans le midi aux exposi-tions de l'est et du midi, et ne planter des arbres à basses tiges, que d'un an à deux ans de greffe au plus ; les espèces hâtives qu'on place en espalier, seront placées à l'exposition est, et les tardives à l'exposition sud ; il est pourtant bien de placer quelques hâtives au midi, dans le but d'en devancer davantage la maturité. La distance à garder entre les arbres en espalier est de 2 à 3 mètres de distance, suivant leur fertilité et leur espèce ; pour les arbres palissés en cordon oblique ou vertical, elle est de 60 à 80 centimètres ; pour les arbres plantés dans les platebandes, ou dans les carrés d'un fruitier en plein champ, la distance est de 6 à 8 mètres, suivant leur fertilité et leur espéce. Les sujets pour verger doivent être plus forts et avoir de 3 à 4 ans de greffe, et pour les pommiers et poiriers, être plantés de préférence greffés sur franc.

Avant de planter les arbres, il est indispensable de bien les *habiller*, c'est-à-dire de rafraîchir les racines et le chevelu, de les débarrasser des racines meurtries, et de couper les branches net, et à la hauteur convenable, en enlevant celles qui sont mal placées ou superflues ; on fait un cône de terre au fond du trou, on place l'arbre dessus, afin que les racines prennent l'inclinaison qu'elles avaient avant d'être arrachées de la pépinière ; on recouvre les racines avec de la terre bien émiettée et amendée au besoin. On introduit soigneusement la terre dans les racines avec le manche de la bêche, et quand les plants sont complètement recouverts, on les protège contre les vents au moyen de bons tuteurs ; les plantations d'automne sont toujours celles qui présentent le plus de chances de succès ; néanmoins quand arrive l'été, il est bon de les arroser autour du pied une ou deux fois, et de labourer aussi la surface deux fois dans l'année, afin que les plants puissent profiter des bonifications aériennes, et que l'évaporation du sol soit ainsi favorisée.

(Pour renseignements plus complets, consulter notre *Bon Jardinier du midi de la France*.)

LISTE DES PRINCIPALES ESPÈCES FRUITIÈRES
LES PLUS CONVENABLES AU MIDI DE LA FRANCE

FRUITS A PEPINS

Azerolier.

L'*azerolier-néflier* n'est pas délicat sur la nature du sol ; il préfère pourtant les terres légères et substantielles, il se multiplie de semences et pour greffe sur néflier, cognassier et préférablement sur aubépin, son fruit est légèrement acide et parfumé.

PRINCIPALES VARIÉTÉS

Azerolier d'Italie à fruit rouge, à fruit blanc, à fruit jaune. — Rustique, greffe en écusson sur aubépine, taille haut vent; maturité du fruit, en septembre et octobre.

Azerolier monstrueux. — Comme les variétés ci-dessus, mais donnant un fruit très gros.

Cognassier.

Le *cognassier* ou *cognier* est très robuste, il devient pourtant plus vigoureux sur les terrains frais et légers, on le multiplie de graines, mais de préférence par boutures et surtout par marcottes ; on le greffe sur sauvageon et sur franc.

PRINCIPALES VARIÉTÉS.

Cognassier commun.— Vigoureux; reproduction par semis ; taille en buisson, fruit médiocre, mûr en octobre.

Cognassier du Portugal. — Vigoureux, greffe en écusson sur franc, taille en gobelet, fruit excellent et très gros, mûr en octobre.

Cognassier de la Chine. — Robuste, greffe en écusson sur franc, taille en gobelet ; fruit bon et très gros, mûrit en octobre.

Cognassier de Constantinople.—Vigoureux et grand, greffe en écusson sur franc, taille en gobelet, fruit médiocre, mûr en octobre.

Grenadier

Le *grenadier* aime une terre substantielle ; on le multiplie par semis, par bouture, et par marcotte *strangulée*, c'est-à-dire étranglée dans la partie enterrée près d'un œil, avec un fil de fer mince ; la greffe a lieu sur franc.

PRINCIPALES VARIÉTÉS

Grenadier de Provence. — A gros grains ; greffe sur

franc, taille en gobelet ; fruit bon et gros ; mûr en octobre.

Grenadier de Malte. — Vigoureux, greffe sur franc ; taille en gobelet ; fruit bon et gros ; mûr en octobre.

Grenadier monstrueux d'Espagne. — A gros grains ; greffe sur franc ; taille en gobelet ; fruit bon et gros, mûr en octobre.

Grenadier à fruit panaché. — Vigoureux ; greffe sur franc ; taille en gobelet ; fruit excellent, mûr en octobre.

Néflier

Le *néflier* où *méflier*, s'accommode de tout terrain et de toute exposition ; il craint néanmoins les sols marécageux. On le multiplie par semences qui restent, 2 ans pour lever et presque toujours par greffe en fente ou par marcotte ; on greffe aussi en écusson, sur aubépine, néflier des bois, cognassier et azerolier ; ne demande aucune taille et à être abandonné à plein vent. Les fruits viennent à l'extrémité des rameaux ; on les cueille en septembre et octobre suivant l'exposition.

PRINCIPALES VARIÉTÉS

Néflier commun. — Rustique ; reproduction par semis ; taille haut vent, fruit astringents moyens ; mûr en octobre.

Néflier de Hollande. — Rustique, greffe sur franc ; taille haut vent ; fruit très gros, mûr en octobre.

Néflier monstrueux. — Rustique ; greffé sur franc ; taille haut vent ; fruit très gros, mûr en octobre.

Néflier du Japon. — *Néflier bibacier*, vigoureux, à feuilles persistantes, ornementales ; greffe sur cognassier ; taille haut vent ; fruit sucré très agréable, à chair blanche ; mûr en juin.

Poirier

Le *Poirier* se greffe sur cognassier et sur franc ; ceux qui sont greffés à haute tige sur cognassier durent moins et sont facilement déracinés par les vents ; les mi-tiges, quenouilles et espaliers, font de très beaux arbres étant greflés sur franc, et vivent plus longtemps que ceux qui sont greffés sur cognassier, mais ils se mettent plus tardivement et plus rarement à fruit. On doit préférer pour haute tige les sujets greffés sur franc, et pour les mi-tiges, quenouilles et espaliers, ceux qui sont greffes sur cognassier. Les poiriers greffés sur cognassier fructifient plus tôt, et plus régulièrement ; le franc est moins difficile sur la qualité du terrain ; il convient mieux sur les terres de mauvaise qualité ; il est plus rustique, devient plus grand, et vit plus longtemps que le cognassier. Le seul défaut du franc est d'être parfois trop vigoureux et long à fructifier ; mais la vigueur d'un arbre n'embarrasse jamais celui qui sait le conduire. On doit se garder d'élever à plein vert, et surtout à *haut vent* la plupart des meilleures variétés de poires, telles que le *beurre gris, la crassane, le colmar, le doyenné, le St-Germain*, etc. ; tandis que le *beurré diel, la duchesse d'Angoulème, la louise-bonne*, etc. supportent mieux les intempéries.

Les poiriers a fruit précoce et même ceux d'été doivent être placés à l'exposition du levant où à celle du couchant ; ceux à fruit d'hiver réclament celle du Midi ; les arbres qui se mettent difficilement à fruit devront être taillés court, et ceux qui sont très fertiles, tels que le *doyenné et les beurrés*, être soumis à une taille allongée, afin qu'une partie de la sève se porte sur les branches à bois. Les poiriers en espalier et en verger seront béchés à la fin de l'automne, binés et sarclés en été, toutes les fois que le besoin le réclamera. Un bon paillis économise beaucoup de façon de l'été, et est très salutaire aux arbres, en maintenant la fraicheur du sol, et en empêchant la sortie des mauvaises herbes ; les fumiers froids sont préférés sur les terrains légers, et les chauds sur les terrains froids.

Si les insectes et les maladies cutanées cryptogamiques ou autres, attaquent les poiriers, il est prudent de passer un lait de chaux mêlé de quelque peu de fleur de soufre, soit aux branches soit au tronc.

PRINCIPALES VARIÉTÉS.

Bellissime d'été. — Fertile, greffe sur franc ou cognassier ; taille haute tige, fruit moyen ; mûr en août et septembre.

Bergamotte cadette — ou *beurré Beauchamp* — très fertile ; greffé sur franc ou cognassier ; taille en pyramide ; fruit moyen, bon, mûr en octobre.

Bergamotte d'été — beurré blanc — Milan blanc, — très fertiles ; greffés sur franc ou cognassier ; taille toutes formes ; fruit moyen bon, mûr en août et septembre.

Bergamotte crassane ou crassane d'automne — fertile, greffe sur franc ou cognassier ; taille en espalier ; fruit gros, très bon, mûr en novembre.

Beurre bretoneau ou major Esperen — assez fertile, greffe sur franc, taille en espalier ; fruit gros, bon, mûr de février à mars.

Beurré blanc ou doyenné blanc — fertile, greffe sur franc ou cognassier ; taille toutes formes ; fruit moyen, supérieur ; mûr en août.

Beurré Clairgeau — très fertile ; greffe sur franc ; taille en pyramide ou spalier ; fruit gros, bon ; mûr octobre et novembre.

Beurré d'Amanlis ou beurré Bosc — très fertile ; greffe sur franc ; taille gobelet, fruit gros, bon ; mûr en septembre.

Beurré d'Hardempont ou beurré d'Aremberg. — fertile ; greffe sur franc ou cognassier ; taille en espalier ; fruit gros, très bon, fin et fondant ; mûr en décembre.

Beurré d'hiver ou de Luçon — fertile ; greffe sur franc ; taille toutes formes ; fruit gros, bon, mi-fondant ; mûr de janvier à mars.

Bon chrétien d'hiver ou de Tours — assez fertile ; greffe sur franc ; taille espalier ; au midi ; fruit gros, mi-fin, mûr de décembre à février.

Bon chrétien Napoléon, ou captif de Ste-Hélène — fertile ; greffe sur franc ; taille en pyramide ; fruit moyen très bon, fondant ; mûr d'octobre à novembre.

Bonne d'ézée—assez fertile ; greffe sur franc ; taille en pyramide ; fruit gros, fondant ; mûr en septembre.

Colmar d'Aremberg — très fertile, greffe sur cognassier ou franc ; taille en pyramide et espalier ; fruit gros, cassant , mûr d'octobre à novembre.

Délices d'Hardempont ou belle de Berry — fertile ; greffe sur franc, taille toutes formes ; fruit moyen, très bon, fin et fondant ; mûr de novembre à décembre.

Doyenné blanc ou doyenné d'automne — fertile, greffe sur franc ; taille espalier ; fruit moyen, bon, fondant ; mûr d'octobre à novembre.

Doyenné d'hiver ou *bergamotte de la Pentecôte.* — Très fertile ; greffe sur franc ; taille espalier ; très bon, fondant ; mûr de décembre à mai.

Duchesse d'Angoulème ou *duchesse.* — Vigoureux, très fertile ; greffe sur franc ; taille toutes formes ; fruit très gros, mi-fin ; mûr d'octobre à novembre.

Duchesse panachée. — Vigoureux et fertile ; greffe sur franc ou cognassier ; taille toutes formes ; fruit très gros, mi-fin ; mûr d'octobre à novembre.

Fondante des bois ou *beurré davy* ou *belle de Flandre.* — Fertile ; greffe sur franc ; taille en pyramide et espalier ; fruit très gros, assez bon ; mûr d'août à septembre.

Louise bonne d'Avranche ou *Louise de Jersay.* — Très fertile ; greffe sur franc et cognassier ; taille pyramide ; fruit gros, très bon, fondant ; mûr de septembre à octobre.

Martin sec ou *rousselet d'hiver.* — Assez fertile ; greffe sur franc, taille gobelet ; fruit petit, très bon à cuire, mûr de décembre à janvier.

Passe Colmar ou *passe Colmar doré*. — Très fertile ; greffe sur franc ; taille toutes formes ; fruit moyen, bon, fondant ; mûr de décembre à mars.

Rousselet d'août. — très fertile ; greffe sur franc ; taille haute tige ; fruit moyen, très bon, fondant, mûr de juillet à août.

Saint-Germain d'hiver. — Fertile ; greffe sur cognassier et franc ; taille en espalier ; fruit gros, très bon ; mûr de novembre à mars.

Soldat laboureur. — Fertile ; greffe sur cognassier et franc ; taille toute forme ; fruit gros, fondant, bon ; mûr d'octobre à décembre.

Triomphe de Jodoigne. — Très fertile ; greffe sur franc et cognassier ; taille gobelet ; fruit gros, fondant, très-bon ; mûr de novembre à décembre.

Pommier.

Les pommiers sont greffés sur franc, sur doucin et sur Paradis. Les arbres destinés aux plantations des vergers doivent être greffés sur franc et élevés à haute tige, ils donnent de grands produits.

Les arbres nains, petit, quenouille et bas espaliers, doivent être greffés sur paradis ; c'est sur eux qu'on obtient promptement de très beaux fruits.

Les pommiers conviennent pour la taille en gobelet ou en cordons verticaux ou horizontaux ; on greffe aussi sur paradis ceux qui ont ces dernières destinations ; ils sont aussi plus tôt à fruit et portent davantage.

Les pommiers croissent sur tous les sols, mais ils

préfèrent ceux qui sont à base argileuse, un peu frais et substantiels.

PRINCIPALES VARIÉTÉS.

Api rose ou *api legos*. — Fertile ; taille toutes formes ; fruit moyen, bon ; mûr de décembre à avril.

Barowiski. — Très fertile ; taille toutes formes ; fruit gros, bon ; mûr en août.

Calville blanche d'hiver. — Fertile ; taille basse tige ; fruit gros, très bon ; mûr de décembre à mai.

Calville Saint-Sauveur. — Très fertile ; taille toute formes ; fruit gros, très bon ; mûr de décembre à mars.

Fenouillet gris. — Très fertile ; taille toutes formes ; fruit moyen, bon ; mûr de janvier à mars.

Grand Alexandre. — Fertile ; taille toutes formes ; fruit très gros, bon ; mûr en octobre.

Ménagère ou *reinette de Hollande*. — Peu fertile ; taille toutes forme ; fruit très gros, assez bon ; mûr d'octobre à novembre.

Reine des reinettes ou *reinette de la couronne*. — Très fertile ; taille toutes formes ; fruit moyen, bon ; mûr de janvier à mars.

Reinette de Caux. — Fertile ; taille toutes formes ; fruit gros, bon ; mûr de janvier à février.

Reinette dorée. — Fertille ; taille haut vent ; fruit moyen, bon ; mûr de novembre à mars.

Reinette du Canada ou *grosse reinette d'Angleterre*. — Très fertile ; taille délicate, à haut vent ; fruit très gros, très bon ; mûr de décembre à mars.

Ràinette du Canada franche. — Très fertile ; peu vigoureux ; haut vent ; fruit moyen, très bon ; mûr de février à mai.

Reinette du Canada grise. — Vigoureux, fertile ; taille à basse tige ; fruit gros, très bon ; mûr de décembre à mars.

FRUITS A NOYAUX

Abricotier.

On greffe l'*abricotier* sur franc, sur amandier et sur prunier ; mais celui qui est greffé sur franc ayant l'inconvénient de devenir gommeux et celui sur amandier étant exposé à avoir la greffe décollée par l'action des vents, on ne greffe généralement l'abricotier que sur prunier ; il s'accomode de tous les terrains, à l'exception de ceux qui sont trop humides.

PRINCIPALES VARIÉTÉS.

Abricotier commun ou *gros précoce.* — Très fertile ; taille toutes formes ; fruit gros, très bon ; mûri fin juillet.

Abricotier à amandes douces de Provence. — Fertile; taille toutes formes ; fruit gros, bon ; mûrit en juillet.

Abricotier beaugé blanc. — Fertile ; taille toutes formes ; fruit moyen, bon, blanc ; mûr en août.

Abricotier d'Alexandrie ou *Saint-Jean.* — Fertile ; taille toutes formes ; fruit gros, très bon ; mûr en juin.

Abricotier-pêche. — Fertile; taille en gobelet; fruit gros rouge, bon ; mûr en juillet.

Abricotier précoce-espéren. — Fertile ; taille toutes formes; fruit moyen, bon ; mûr fin juin.

Abricotier rouge, hâtif. — Très fertile; taille gobelet; fruit gros, rouge, bon ; mûr en juillet.

Abricotier vert-muscat. — Fertile; taille toutes formes; fruit moyen, bon ; mûr fin juillet.

Amandier

Arbre de la nature des pêchers, mais plus robuste; réussit très bien sur les terres calcaires, sèches, pierreuses et chaudes ; on greffe sur franc où sur prunier; mais pour la plupart des espèces, on les obtient par semis, et ils sont alors plus robustes.

PRINCIPALES VARIÉTÉS

Amandier commun à amandes douces, et celui à *amandes amères.* — On sème les fruits de ces variétés pour se procurer des sujets propres à recevoir la greffe des autres amandiers, des pêchers, etc.

Amandier à coque tendre ou *amandier princesse.* — On l'appelle aussi *amande à la reine* et *pistache.* —

On le greffe sur l'amandier commun, ou on le sème. Les fruits succèdent promptement à la fleur ; le fruit est moyen, doux et à coque fine.

Amandier à la dame, casse-dent. — La coque est moins fine que celles des princesses ; le fruit aussi bon ; même reproduction.

Amandier à gros fruit doux. — Plus vigoureux que les autres variétés ; on l'appele aussi *abérane* ; son fruit est gros, ferme et d'un très bon goût.

Cérisier

Le *Cerisier*, rustique de sa nature, s'accomode de tous les terrains, pourvu qu'ils ne soient pas trop humides ; on le greffe sur mérisier sauvage pour haut vent, et sur Sainte-Lucie pour espalier, pyramide et haut vent de petite dimension ; toutes les variétés de cérisier peuvent être cultivées en haut vent, et la plupart en pyramide et espalier ; c'est l'arbre qui parait le plus convenable pour occupper en espalier les murs à l'exposition du nord ; pour qu'il fructifie bien, il faut le tailler long.

Ce genre est divisé en *mérisier*, *cerisier* proprement dit, *griottier*, *bigarreautier*, et *guignier*.

Le *Mérisier* est le type de tous les cérisiers ; le fruit est rond, très sucré. C'est du fruit du *mérisier* qu'on extrait le kirch, et le meilleur ratafia.

Le *Cerisier* a le fruit rond, doux, et assez ferme.

Le *Griottier* a le fruit arrondi, plus gros que celui du *mérisier*, et plus où moins acidulé.

Le *Bigarreautier* a le fruit en forme de cœur et la chair ferme.

Le *Guignier* a le fruit rouge, allongé, et a toujours la chair molle et sans acidité.

Mérisier

Mérisier à grosses fleurs, mérisier à fruit blanc où guigne ambrée. — Assez fertile ; fruit moyen, bon ; mûr en juillet.

Cérisier

Cérise commune. — Fertile ; fruit gros, bon ; mûr fin juin.

Cérise montmorency. — Assez fertile ; fruit gros, rouge, bon ; mûr en juin.

Cérise d'Angleterre. — Hâtive, fertile ; fruit gros, rouge, très bon ; mûr en mai.

Cérise du Portugal. — Fertile ; fruit gros, brun, très bon ; mûr en juillet.

Cérise de seize à la livre. — Très fertile ; fruit très gros, rose, bon ; mûr en juin.

Griottier

Griotte du Portugal. — Fertile ; fruit gros, excellent, mûr en juin.

Griolte à fruit noir. — Fertile ; fruit gros, bon, mûr en juillet.

Griotte Montmorency à courte queue. — Assez fertile ; fruit gros, bon, mûr en juin.

Griotte Montmorency à longue queue. — Fertile ; fruit gros, rouge, bon, mûr en juillet,

Bigarreautier

Bigarreau commun ou rogal. — Très fertile ; fruit gros, rouge, pointu, très bon ; mûr fin juin.

Bigarreau monstrueux de Mezel. — Fertile ; fruit très gros, bombé, bon ; mûr en juin.

Bigarreau Napoléon. — Très fertile ; fruit gros, bon ; mûr fin juin.

Guignier

Guigne à gros fruit blanc. — Fertile ; fruit gros, bon ; mûr en juin.

Guigne grosse noire. — Assez fertile ; fruit moyen, bon ; mûr mi-juin.

Guigne noire hâtive. — Fertile ; fruit gros, bon ; mûr mi-mai.

Pêcher

Le *pêcher*, originaire de Perse, possède un grand nombre de variétés; sont désignées ci-après les plus

recommandables et les plus appropriées au climat
méridional. On le greffe sur franc, sur amandier et
sur prunier. Ces sujets greffés sur amandier réussissent sur les sols siliceux, calcaires, légers et secs;
ceux qui sont greffés sur prunier conviennent aux
terres fortes; ceux greffés sur franc viennent bien
sur tous les sols, mais ils vivent moins que les
autres.

Toutes les variétés de pêcher prennent tout leur
développement et accomplissent leur temps, à la
condition qu'nne taille convenable soit faite chaque
année après l'hiver, et que les labours nécessaires
leur soient donnés soit avant et après l'hiver, soit
quand ils sont assaillis par les plantes adventices
en été.

PRINCIPALES VARIÉTÉS

Admirable jaune. — Vigoureux et fertile; fruit
gros, bon; mûr en septembre.

Belle Bausse de Montreuil. — Fertile; fruit beau,
très bon, mûr en septembre.

Bon-ouvrier. — Très fertile; fruit gros, rouge,
très bon; mûr en mi-septembre.

Chevreuse hâtive. — Très vigoureux, fertile, pour
haute tige; fruit gros, bien sucré, bon, mûr en août.

Chevreuse tardive. — Fertile; fruit gros, bon; mûr
en septembre.

Galande ou *noire de Montreuil*. — Très fertile; fruit
gros, rouge, très bon; mûr en août.

Grosse mignone ordinaire. — Très fertile; fruit gros, très coloré, très bon; mûr en mi-août.

Grosse mignone hâtive. — Très fertile; fruit très bon; mûr mi-août.

Magdeleine rouge de courson. — Fertile; fruit gros, très bon; mûr au commencement d'août.

Reine des vergers ou *monstrueuse de dom.* — Fertile; vigoureux; fruit très gros, rouge, bon; mûr en mi-septembre.

Téton de Vénus. — Très vigoureux, peu fertile; fruit gros, jaune, bon; mûr en mi-septembre.

Willermoz. — Vigoureux, très fertile; fruit très gros, jaune; mûr fin août.

Prunier

Le *prunier*, par sa nature rustique, ses racines traçantes, est peu exigeant; il craint pourtant les terres sablonneuses, sèches, ainsi qu'une terre trop humide.

On greffe le prunier en fente et à écusson, sur de jeunes sujets appartenant à la même espèce, qui proviennent de semence; on peut aussi le greffer à écusson sur l'abricotier et le pêcher; on emploie les sujets francs de semis pour les grandes pyramides, les gobelets et le plein vent, et ceux greffés sur pêcher et abricotier pour les espaliers, les cordons et les petites pyramides.

Le prunier, élevé à haut vent, ne doit être soumis qu'à une légère taille, même à un élagage; lorsqu'il est soumis à une taille quelconque, on doit le tailler long.

PRINCIPALES VARIÉTÉS

Prune d'Agen. — Très fertile; fruit gros, violet, très bon; mûr en juillet; c'est l'espèce qui convient le mieux pour pruneaux.

De Montfort. — Fertile; fruit gros, bon; mûr en mi-août.

Coë-Golden drop. — Fertile; fruit gros, marbré, bon; mûr en septembre.

Mirabelle de Nancy, grosse. — Très fertile; fruit assez bon; mûr en juillet.

Reine-Claude de Bavag. — Très vigoureux; fruit gros, bon; mûr en septembre.

Reine-Claude hâtive. — Fertile; fruit rouge, bon; mûr en juillet.

Wasington. — Très vigoureux; fruit gros, jaune, bon; mûr en août.

RAISINS DE TABLE

Cet arbrisseau sarmenteux qui atteindrait la grosseur et surtout la hauteur des plus gros arbres, s'il n'était taillé bas et *mutilé*, est originaire des pays chauds ; il préfère les terres légères, graveleuses, profondes ; sur les terrains humides et consistants, sa production est plus forte, mais ses fruits sont de moins bonne qualité.

En considération des atteintes du phylloxera, il convient de les bien établir dans un sol léger, bien amendé, et de les élever en espalier, cordon, treille ou berceau ; les soumettre à une taille longue, les défoncer deux fois dans l'an, et pour que le phylloxera ne s'introduise pas dans le sol, il faut tasser autour du pied, quand on lui donne une façon ; les bien fumer et bien arroser.

PRINCIPALES VARIÉTÉS

Chasselas de Fontainebleau ou doré. — Fertile ; excellent, mûr fin août.

Chasselas rose. — Fertile ; fruit moyen, bon ; mûr en septembre.

Chasselas duc de Malakoff. — Très fertile ; fruit à gros grain, rond, mûr en août.

Jouanen blanc. — Fertile ; gros grain, rond, très bon ; mûr fin juillet.

Jouanen doré ovale. — Fertile ; fruit gros, ovale, très bon ; mûr fin juillet.

Malvoisie à gros grains. — Fertile ; fruit blanc, doré ; mûr en septembre.

Magdeleine blanc. — Peu fertile ; fruit moyen, bon ; mûr en juillet.

Morillon hâtif. — Fertile ; fruit violet noir, rond, mûr en juillet.

Muscat blanc commun. — Fertile ; grosse grappe, grain rond ; mûr en septembre.

Muscat de Frontignan. — Peu fertile ; fruit moyen, jaune ; mûr en septembre.

Muscat d'Alexandrie. — Fertile ; fruit très gros, doré ; mûr en septembre.

Muscat d'Espagne. — Très fertile ; fruit doré, ambré ; mûr en septembre.

Panse marseillaise. — Fertile ; fruit jaune, bon ; mûr en septembre.

Pour renseignements plus complets sur la taille, consulter notre Bon Jardinier du Midi de la France.

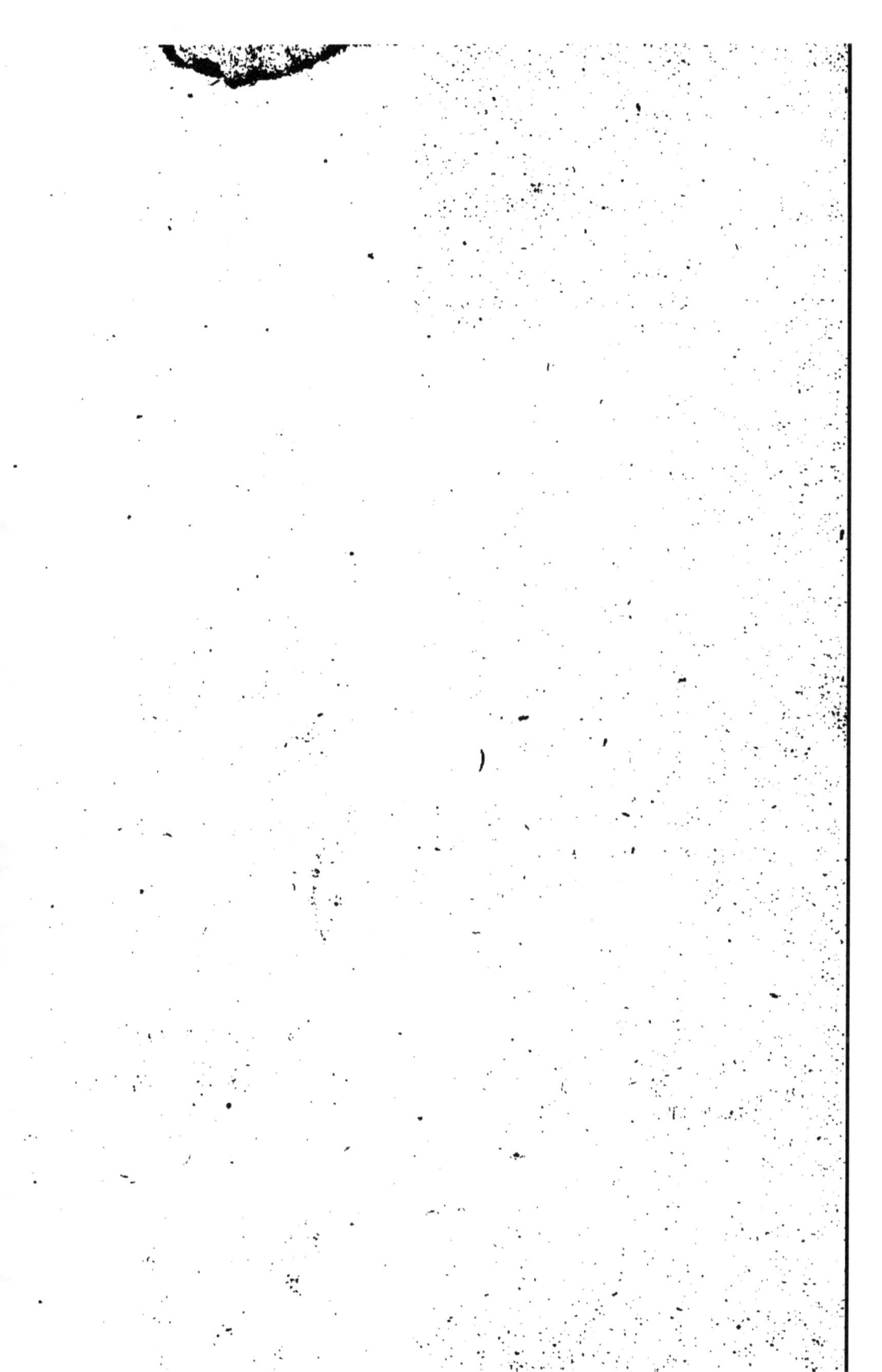

)

OUVRAGES

D'AGRICULTURE & D'HORTICULTURE

DE L. FABRE

Ex Directeur de la Ferme-Ecole de Vaucluse

BIBLIOTHÈQUE AGRICOLE DU MIDI DE LA FRANCE

Ouvrages approuvés par le Conseil supérieur de l'Instruction publique pour l'enseignement primaire et secondaire

---

COURS D'AGRICULTURE PRATIQUE (4 v.), le vol. 1 fr. 50
PRINCIPES D'AGRICULTURE, 1 vol . . . . . . 1 fr. 50
MANUEL DU BON CULTIVATEUR, 1 vol. . . . 1 fr. 50
MANUEL DU BON JARDINIER, 1 vol . . . . . 3 fr. »
MANUEL DE L'ÉLEVEUR DE VERS A SOIE, 1 vol. 1 fr. 25

NOUVEAU SYSTÈME D'ENSEIGNEMENT NATIONAL, considéré surtout au point de vue des intérêts agricoles . . . . 50 cent.
INDICATEUR GÉNÉRAL DES SEMIS, DE GRAINES POTAGÈRES, FOURRAGÈRES ET DE FLEURS, avec désignation de la quantité de graines par hectare, et Instruction sur les travaux agricoles et horticoles de chaque mois, ainsi que sur les soins à donner aux bestiaux . . . . 30 cent.

AVIGNON. — IMP. CH. MAILLET

www.ingramcontent.com/pod-product-compliance
Lightning Source LLC
Chambersburg PA
CBHW071524200326
41519CB00019B/6063